高等院校规划教材
上海市重点课程特色教材

大学化学实验

周仕林　顾颖颖　主编
王　璐　缪煜清

科学出版社
北　京

内 容 简 介

《大学化学实验》是上海理工大学市重点课程"普通化学"建设的成果。该系列教材包括《大学化学》、《大学化学实验》。本书首先主要介绍大学化学实验的目的和学习方法、实验室规则及安全常识、实验误差与实验数据处理；其次主要介绍大学化学实验的基础知识、化学实验基本操作和化学实验常用仪器；最后介绍实验项目，包括基础实验、综合设计实验、趣味化学实验。实验选定突出先进性、应用性、趣味性，并能适应多层次教学的需要。为了适应21世纪"卓越工程师教育"的发展要求，本书力求做到夯实基础，注重综合，强化应用。

本书可作为高等院校化学、化工、食品、材料、机械、能源、动力、环境、土木、医疗器械、出版印刷等相关专业的基础化学实验教材，也可供高等院校广大师生和相关工作人员参考使用。

图书在版编目(CIP)数据

大学化学实验/周仕林，顾颖颖，王璐，缪煜清主编．--北京：科学出版社，2013.7

高等院校规划教材　上海市重点课程特色教材
ISBN 978-7-03-037845-3

Ⅰ.①大… Ⅱ.①周…②顾…③王…④缪… Ⅲ.①化学实验-高等学校-教材 Ⅳ.①O6-3

中国版本图书馆CIP数据核字(2013)第127211号

责任编辑：王艳丽　郭建宇
责任印制：刘　学　/封面设计：殷　靓

科 学 出 版 社 出版
北京东黄城根北街16号
邮政编码：100717
http://www.sciencep.com

北京虎彩文化传播有限公司印刷
上海蓝鹰文化传播有限公司排版制作
科学出版社发行　各地新华书店经销

*

2013年7月第 一 版　开本：B5(720×1000)
2019年6月第三次印刷　印张：8 1/2
字数：156 000

定价：24.00元

《大学化学实验》编写委员会

主编： 周仕林　顾颖颖　王　璐　缪煜清

编委：（按姓氏笔画排序）
　　　　王　璐　　计亚军　　安雅睿　　周仕林
　　　　欧阳瑞镯　赵月峰　　顾颖颖　　常海洲
　　　　缪煜清

前　言

化学是以实验为基础的学科,大学化学实验在培养未来工程师的大学教学中,占有特别重要的地位,是工科学生掌握本专业知识和技能的阶梯与基石。化学实验以其丰富的内涵在培养学生的素质中发挥着独特的功能和作用。

为了更好地培养合格的工程师,相关工科专业的师生已充分意识到化学的重要性,选修化学及实验的学生人数逐年增多,在这种情况下,化学系教师对大学化学及实验课程进行了一系列的改革与实践,参照《高等学校化学类专业指导性专业规范》的精神,充分借鉴近年来国内各高校在化学实验教学研究和改革方面所取得的宝贵经验,编写了本教材。

本教材的特色包括:

1. 精选内容,适应多层次教学

教材内容和结构安排合理。本教材共有三类实验:基础实验、综合设计实验、趣味化学实验。教材内容丰富,使用面广,既能满足化学化工类专业无机化学实验课的教学要求,又能满足非化学化工类专业不同层次、规格基础化学实验的教学要求。

2. 反映生产实际和新技术、新成果

本书内容紧扣"先进制造科技创新与人才培养"内涵建设主题,以化学在工程中的应用为重点,为"卓越工程"教育服务。实验选定注重实验内容的新颖性、前沿性,以及实验方法和手段的多样性,并与生产实际紧密结合,例如:无机物、有机物、配合物等物质的制备实验,都包含了产品提纯或质量检验环节;工程中应用广泛的如"电镀锌"、"铝的阳极氧化处理"、"印刷电路板的制作"等实验是编者多年研究的经验积累,具有一定的参考价值。

3. 注重培养学生的科学素养和独立思考能力

为培养学生的科学素养和独立思考能力,每个实验都提出了若干具有启发性的思考题,以引导学生在实验前积极思考,实验中结合实验现象正确分析,实验后对实验数据进行正确处理和科学绘制曲线,最终加以归纳总结完成实验报告。特别是综合设计实验部分,编写的目的是提升学生综合运用各种知识的能力,并逐渐培养学生的创新思维。

4. 注重培养学生对化学的兴趣

为提高学生对实验课的兴趣、激发学生的求知欲望和探索精神,使学生位于实验课的主体地位,本书选用与环境保护、生活实践等密切相关的题材作为扩展实验、兴趣实验的素材,如"离子交换法制备去离子水及水质检验"、"废电池回收锌皮制备硫酸锌"等绿色化学实验;"振荡反应——碘钟反应"、"硅酸盐的'水中花园'"、"瓜果电池"、"着火的铁"、"陶瓷的制作"、"洗洁精的配制"、"珠光香波的配制"等趣味化学实验,让学生意识到化学与人类的生活密切相关。

  本书由周仕林、顾颖颖、王璐、缪煜清担任主编,参加本书编写工作的还有:欧阳瑞镯、计亚军、安雅睿、常海洲、赵月峰。

  由于编者的水平所限,难免有疏漏或不妥之处,恳请使用本教材的老师和同学们批评指正。

编者

2013 年 3 月 28 日

目 录

前言

第一章　绪论 ··· 1
　第一节　化学实验的学习方法 ··· 1
　第二节　化学实验安全守则 ·· 2
　第三节　学生实验守则 ··· 3
　第四节　实验室意外事故处理 ··· 3
　第五节　实验误差与实验数据处理 ·· 4

第二章　化学试剂、仪器与基本操作 ·· 7
　第一节　化学试剂 ·· 7
　第二节　化学实验常用仪器 ·· 9
　第三节　化学实验基本操作 ·· 20

第三章　基础实验 ·· 35
　实验一　酸碱滴定 ··· 35
　实验二　凝固点降低法测定摩尔质量 ·· 37
　实验三　乙酸电离常数的测定 ·· 40
　实验四　电镀锌 ·· 42
　实验五　铝的阳极氧化处理 ··· 45
　实验六　印刷电路板的制作 ··· 49
　实验七　化学反应热效应的测定 ·· 52
　实验八　吸光光度法测定铁的含量 ··· 54
　实验九　硫酸亚铁铵的制备 ··· 57
　实验十　常见阳离子、阴离子的分离与鉴定 ······························· 59
　实验十一　非金属元素(卤素、氧、硫) ······································· 66
　实验十二　过渡金属元素(铁、钴、镍、铬) ······························· 70
　实验十三　配位化合物的性质 ·· 75
　实验十四　阿司匹林的制备及纯度测定 ······································ 78

v

第四章　综合设计实验 ·· 81

　实验十五　硫酸铜的制备及结晶水的测定 ····································· 81
　实验十六　离子交换法制备去离子水及水质检验 ····························· 83
　实验十七　磺基水杨酸合铁(Ⅲ)配合物的组成及稳定常数的测定 ········· 86
　实验十八　反应速率和速率常数的测定 ·· 89
　实验十九　三草酸合铁(Ⅲ)酸钾的合成及其 $C_2O_4^{2-}$ 的含量测定 ············ 92
　实验二十　三氯化六氨合钴(Ⅲ)的制备 ·· 93
　实验二十一　废电池回收锌皮制备硫酸锌 ······································ 95

第五章　趣味化学实验 ·· 98

　实验二十二　振荡反应——碘钟反应 ··· 98
　实验二十三　着火的铁 ··· 99
　实验二十四　硅酸盐的"水中花园" ·· 100
　实验二十五　瓜果电池 ·· 102
　实验二十六　陶瓷的制作 ·· 103
　实验二十七　洗洁精的配制 ·· 104
　实验二十八　珠光香波的配制 ··· 106

主要参考文献 ··· 108

附录 ··· 109

　附录1　元素的国际相对原子质量表(2007) ································· 109
　附录2　不同温度下水的饱和蒸汽压 ·· 110
　附录3　常用酸碱溶液的浓度和密度(298.2 K) ···························· 111
　附录4　常见弱酸弱碱在水溶液中的解离常数(298.2 K) ················· 112
　附录5　难溶电解质的溶度积常数(298.2 K) ······························· 114
　附录6　标准电极电势表(298.2 K) ·· 118
　附录7　常用酸碱指示剂 ·· 120
　附录8　常见离子和化合物的颜色 ·· 120
　附录9　常见配离子的稳定常数 ··· 123

第一章 绪 论

化学是一门中心学科。当今全球性的几大问题,如环境问题、资源问题、能源问题、粮食问题和人类健康问题等都要依赖化学作为强有力的手段。

化学又是一门实验科学,化学实验课在培养"卓越工程师"的大学教育中,占有特别重要的地位。大学化学实验是工科学生的第一门实验必修课。学生经过严格训练,能规范地掌握基本操作、基本技术。在实验过程中,学生由提出问题、查资料、设计方案、动手实验、观察现象、测定数据,并加以正确的处理和概括,从而在分析实验结果的基础上学会正确表达,撰写科学报告,解决化学相关的问题。通过实验,学生可以直接获得大量的化学事实,经思维、归纳、总结,从感性认识上升到理性认识,并运用它们指导实验,从而进一步巩固所学的化学基本理论、基本知识。

化学实验的全过程是培养学生综合素质的重要环节,大学化学实验要达到以下目的:

(1) 培养学生的智力因素:动手、观察、查阅、记忆、思维、想象和表达等。

(2) 培养学生的基本科学素质和科学精神:求实、求真、存疑。

(3) 培养学生社会责任感:增强环境保护、食品安全等意识。

(4) 培养学生的综合素质:具备分析问题、解决问题的独立工作能力。

第一节 化学实验的学习方法

1. 实验前认真预习

预习是做好实验的前提和保证。预习的内容包括:

(1) 明确本实验的目的和任务。

(2) 理解实验原理,熟悉实验所需仪器、药品和实验操作步骤等,牢记实验注意事项;积极思考实验中可能碰到的各种问题(思考题)。

(3) 务必写好预习报告。

2. 认真聆听教师的讲解,加深对实验原理和实验操作的正确理解与掌握

(1) 原理和方法要理解清楚。

(2) 细心观察教师示范操作,弄清操作要领,记录实验中的注意事项。

(3) 积极参与讨论。

3. 实验时要专心投入

(1) 专心实验,注意操作规范,既要大胆,又要细心。

(2) 仔细观察实验现象,认真测定数据,并做到边实验、边思考、边记录。记录

必须及时、真实、清晰、完整。

(3) 对异常实验现象,要分析原因,必要时做对照试验,从中得到有益的结论。

4. 认真书写实验报告

实验报告是实验课程重要训练内容之一,它从一定角度反映出一个学生的学习态度、知识水平和观察问题、分析问题、解决问题的能力。因此,实验结束后,应严格根据实验记录,认真独立完成实验报告,这是培养自己科学思维能力、文字表达能力和养成良好的科研工作习惯的重要途径。具体的要求如下:

(1) 书写规范,字迹端正,报告整齐清洁。

(2) 文字表述要简洁,使用经过自己领会提炼后的学术性语言,切忌照抄书本。

(3) 实验步骤要清晰明了,提倡采用表格、流程图或通用符号等形式表示。

(4) 数据记录要规范、完整,数据处理应准确无误。学会用表格法和作图法处理实验数据。

(5) 应有明确的实验结论。必要时还应对实验结果的可靠性与合理性进行评价。

(6) 问题讨论时,可总结实验中的心得体会,并对实验现象以及出现的问题进行讨论,分析产生误差的原因。也可对实验方法、检测手段等提出改进意见。

第二节 化学实验安全守则

化学实验经常使用水、电、燃料及各种化学药品,而化学药品中有很多是易燃、易爆、有腐蚀性或有毒的。故特别要求实验操作者:在实验前应充分了解实验安全注意事项,在实验操作过程中,务必高度重视安全,遵守操作规程,切勿麻痹大意,以避免事故的发生。

1. 加热试管时不要将试管口指向自己或别人,不要俯视正在加热的液体,以免液体溅出,受到伤害。

2. 嗅闻气体时,应用手轻拂气体,搧向自己后再闻。

3. 使用酒精灯,应随用随点,不用时盖上灯罩。不要用已点燃的酒精灯去点燃别的酒精灯,以免酒精流出引起火灾。

4. 浓硫酸、浓碱具有强腐蚀性,切勿溅在衣服、皮肤,尤其是眼睛上。稀释浓硫酸时,应将浓硫酸慢慢倒入水中,禁止将水向浓硫酸里倒,以免迸溅。

5. 操作会产生有刺激性或有毒气体的实验,应在通风橱内进行。

6. 有毒药品(如重铬酸钾、钡盐、铅盐、砷的化合物、汞的化合物等,特别是氰化物)切勿进入口内或接触伤口。禁止将有毒或腐蚀性试剂倒入下水管道。

7. 对于易燃物质,必须应尽可能使其远离火源。

8. 实验完毕,应洗净双手后,才能离开实验室。实验室内严禁饮食或吸烟。

第三节　学生实验守则

1. 实验前清点仪器。如发现有破损或缺少,应立即报告老师,按规定手续向实验准备室申请补领。实验时仪器如有损坏,亦应按规定手续向实验准备室换取新仪器。未经教师同意,不得挪用别的位置上的仪器。

2. 实验时保持肃静,集中思想,认真操作,仔细观察现象,如实记录结果,积极思考问题。

3. 实验时应保持实验室和桌面清洁整洁。火柴梗、废纸屑、废液、金属屑等应投入废纸篓或倒入废液钵中,严禁投入或倒入水槽内,以防水槽和下水管道堵塞或腐蚀。

4. 实验时要爱护国家财物,小心使用仪器和实验设备,注意节约水、电、药品。使用精密仪器时,必须严格按照操作规程进行,要谨慎细致。如发现仪器有故障,应立即停止使用,及时报告老师。

5. 药品应按规定量取用,自瓶中取出药品后,不应将药品倒回原瓶中,以免带入杂质。取用药品后,应立即盖上瓶盖,以免搞错瓶塞,沾污药品,并随即将瓶放回原处。

6. 实验时必须按正确操作方法进行,注意安全。

7. 实验完毕后将玻璃仪器洗涤干净,放回原处。整理好桌面,打扫干净水槽和地面,最后洗净双手。

8. 实验完毕后必须检查电源插头或闸刀是否断开,水龙头是否关闭等。实验室内的一切物品(仪器、药品和产物等)不得带离实验室。

第四节　实验室意外事故处理

1. 若因酒精、苯或乙醚等引起着火,应立即用湿布或沙土(实验室应备有灭火沙箱)等扑灭。若遇电气设备着火,必须先切断电源,再用二氧化碳或四氯化碳灭火器灭火。

2. 遇有烫伤事故,可用高锰酸钾或苦味酸溶液擦洗灼伤处,再擦上凡士林或烫伤膏。

3. 若眼睛或皮肤上溅到强酸或强碱,应立即用大量的水冲洗,然后用碳酸氢钠溶液或硼酸溶液冲洗(若溅在皮肤上最后还可涂些凡士林)。

4. 若吸入氯、氯化氢气体,可立即吸入少量酒精和乙醚的混合蒸气以解毒;若吸入硫化氢气体而感到不适或头昏时,应立即到室外呼吸新鲜空气。

5. 被玻璃割伤时,伤口内若有玻璃碎片,须先挑出,然后抹上红药水并包扎。

6. 遇有触电事故,首先应切断电源,然后在必要时,进行人工呼吸。

7. 对伤势较重者,应立即送医院。

第五节　实验误差与实验数据处理

1. **误差**

在进行定量分析实验的测定过程中,不可能使测出的数据与客观存在的真实值完全相同。真实值与测量值之间的差别就叫做误差。通常用准确度和精密度来评价测量误差的大小。

准确度是实验分析结果与真实值相接近的程度。然而在实际工作中,真实值是不可能知道的,因此分析的准确度就无法求出,只能用精密度来评价分析的结果。精密度指在相同条件下,进行多次测定后结果相近的程度,精密度一般用偏差来表示。

应该指出,用精密度来评价分析的结果是有一定的局限性的。分析结果的精密度很高(即平均相对偏差很小),并不一定说明实验的准确度也很高。如果分析过程中存在系统误差,可能并不影响每次测得数值之间的重合程度,即不影响精密度;但此分析结果必然偏离真实值,也就是分析的准确度不高。当然,如果精密度不高,则无准确度可言。一般情况下为了方便,我们常常将偏差称为误差。误差分绝对误差和相对误差,用相对误差来表示实验的精密度比用绝对误差更有意义:

$$绝对误差 E = 测量值 X - 平均值 \overline{X}$$

$$相对误差 = \frac{测量值 X - 平均值 \overline{X}}{\overline{X}} \times 100\%$$

2. **产生误差的原因及其校正**

产生误差的原因很多。一般根据误差的性质和来源,可将误差分为系统误差与偶然误差两类。

(1) 系统误差

系统误差与分析结果的准确度有关,由分析过程中某些经常发生的原因所造成,对分析的结果影响比较稳定。在重复测定时常常重复出现。这种误差的大小与正负往往可以估计出来,因而可以设法减少或校正。系统误差的来源主要有:

1) 方法误差:由于分析方法本身所造成。如重量分析中沉淀物少量溶解或吸附杂质;容量分析中等差点与滴定终点不完全符合等。

2) 仪器误差:因仪器本身不够精密所造成。

3) 试剂误差:来源于试剂或蒸馏水的不纯。

4) 操作误差:由于每个人掌握操作规程与控制条件等常有出入而造成,如不同的操作者对滴定终点颜色变化的判断常会有差别。

为了减少系统误差常采取下列措施:

1) 空白实验：为了消除由试剂等原因引起的误差，可在不加样品的情况下，按与样品测定完全相同的操作程序，在完全相同的条件下进行分析，所得的结果为空白值。将样品分析的结果扣除空白值，可以得到比较准确的结果。

2) 回收率测定：取一标准物质（其中组分含量都已精确地知道）与待测的未知样品同时做平行测定。测得的标准物质量与所取之量之比的百分率就为回收率，可以用来表达某些分析过程的系统误差（系统误差越大，回收率就越低）。

3) 仪器校正：对测量仪器校正以减少误差。

应合理安排实验系统，以使系统误差在测定中不起作用。

（2）偶然误差

偶然误差与分析结果的精密度有关，来源于难以预料的因素，或是由于取样不均匀，或是由于测定过程中某些不易控制的外界因素的影响。但如果进行多次测定，便可以发现有如下两条规律：一是正负误差出现概率相等；二是小误差出现次数多，大误差出现少。为了减少偶然误差，一般采取的措施是多次取样平行测定，然后取其算术平均值，就可以减少偶然误差。

除以上两大类误差以外，还有因操作事故引起的"过失误差"，如读错刻度、溶液溅出、加错试剂等。这可能会产生一个很大的"误差值"，在计算算术平均值时，此种数值应弃去。

3. 有效数字

实验中，所有仪器标出的刻度的精确度是有限的。有效数字指在实验工作中实际能测量到的数字。在实验记录的数据中，前面的数字是精确测量的，只有最后一位是估计的，这一位数字叫不定数字。例如，容量为 10 ml 的量筒，其最小刻度为 0.2 ml，可以读到 0.1 ml，如 8.5 ml 等，为两位有效数字。再大容积的量筒在读数时一般取整数。若为 50 ml 移液管和滴定管，由于其最小刻度为 0.1 ml，再估算一位，可读到 0.01 ml，如 23.56 ml 等，为四位有效数字。也就是说有效数字是实际测到的数字加一位估读数字。最后一位估读数字为"0"也要写上。

数字前的"0"不作为有效数字，数字中和数字后的"0"则为有效数字。如 0.03、4×10^2 为 1 位有效数字，0.304、1.50% 为三位有效数字。有效数字位数不确定的数字如 200 等可认为是准确数字。单位转换时，有效数字位数不能改变，如 3.40 L 用毫升作单位时，不能写成 3 400 ml 而应写成 3.40×10^3 ml。

可见，有效数字与数学上的数有不同的含义，数学上的数只表示量的大小，有效数字不仅表示量的大小，还反映出所用仪器及方法的准确程度。例如，用感量为 0.1 g 的台秤称 3.6 g 食盐，绝对误差为 ±0.1 g，相对误差为 $(\pm 0.1/3.6) \times 100\% = \pm 2.8\%$，用感量为 0.001 g 的分析天平称 3.600 0 g 食盐，绝对误差为 ±0.001 g，相对误差为 $(\pm 0.001/3.6) \times 100\% = \pm 0.028\%$。

由于实验测得的有效数字的位数可能不同，因此在计算时，就要将那些有效数字位数过多的有效数字进行修约，舍弃过多的位数，使得运算简单且计算结果仍然准确。

有效数字的修约规则是：一次到位，四舍六入五成双。如 2.474 7，2.535 分别修约到三位有效数字是 2.47 和 2.54。2.474 7 修约到三位有效数字，不能先修约到四位，再修约到三位，即 2.474 7(五位)→2.475(四位)→2.48(三位)的修约是错误的。

在加减乘除等运算中，要特别注意有效数字的取舍，否则会使计算结果不准确。运算规则大致可归结如下：

1) 加减法：几个数相加或相减时，所得的和或差的有效数字的保留应以小数点后位数最少的数字为准。

2) 乘除法：几个数值相乘或相除时，其积或商的有效数字应以有效数字位数最少的数为准。

3) 对数和反对数

取对数(不管是常用对数还是自然对数)，按照有效数字的个数来确定小数点后的位数(位数等于个数)；取反对数，按照小数点后的位数来确定有效数字的个数(个数等于位数)。例 1 234 为四位有效数字，其对数 $\lg 1\,234 = 3.091\,3$，反对数 $0.652 = \lg 4.49$。

还应指出，有效数字最后一位是可疑数，若一个数值没有可疑数，则可视为无限有效。例如将 5.12 g 样品二等分，则有 5.12/2=2.56 g。这里的除数 2 不是测量所得，故可视为无限多位有效数字；切不可把它当作一位有效数字，得出 3 g 的结果。另外，一些常数如 n、具有无限位数的有效数字 π、e 等，在运算时可根据需要取适当的位数。

4. 数据处理

对实验中所取得的一系列数值，采取适当的处理方法进行整理、分析，才能准确地反映出被研究对象的数量关系。在化学实验中通常采用列表法或作图法表示实验结果，可使结果表达得清晰明了，而且还可以减少和弥补某些测定的误差。根据对标准样品的一系列测定，也可以列出表格或绘制标准曲线，然后由测定数值直接查出结果。

1) 列表法：将实验所得的各数据用适当的表格列出，并表示出它们之间的关系。通常数据的名称与单位写在标题栏中，表内只填写数字。数据应正确反映测定的有效数字，必要时应计算出误差值。

2) 作图法：实验所得的一系列数据之间关系及其变化情况，可用图线直观地表现出来。作图时通常先在坐标纸上确定坐标轴，标明轴的名称和单位，然后将各数值点用"+"或"×"等标记标注在图纸上，再用直线或曲线把各点连接起来。图形必须平滑，可不通过所有的点，但要求线两旁偏离的点分布较均匀。画线时，个别偏离较大的点应当舍去，或重复试验校正。采用作图法时至少要有五个以上的点，否则就没有意义。

第二章 化学试剂、仪器与基本操作

第一节 化 学 试 剂

一、化学试剂的规格

化学试剂指具有一定纯度标准的各种单质和化合物,它们的等级是根据不同的纯度来划分的。我国化学试剂的等级规格基本上可分为四级,与欧美通用,其规格和适用范围见表2-1。在一般分析工作中,通常要求使用AR(analytical reagent)级(分析纯)试剂,在进行物质的制备、物质的性质等实验时常用CP(chemical reagent)级(化学纯)试剂。

表2-1 化学试剂的规格和适用范围

等级	名称(英文)	符号	标签颜色	含量(%)	适用范围
一级	优级纯(guarantee reagent)	GR	绿色	99.9	精密分析
二级	分析纯(analytical reagent)	AR	红色	99.5	分析、科研
三级	化学纯(chemical pure)	CP	蓝色	95	实验
四级	工业纯(laboratorial reagent)	LR	棕色或黄色		工业

此外,还有一些特殊用途的高纯试剂。例如,光谱纯试剂,它是以光谱分析时出现的干扰谱线强度大小来衡量的;色谱纯试剂,是在最高灵敏度下以10^{-10}g下无杂质峰来表示的等。常见专用试剂见表2-2。

表2-2 常见专用试剂

名称	符号	含量(%)	用途
高纯物质	CGP	99.99	配制标准溶液
基准试剂	PT	99.95	标定标准溶液
光谱纯试剂	SP		用于光谱分析
色谱纯试剂	GC、LC		用于色谱分析

在使用试剂的过程中,使用不同纯度的化学试剂,应有相应纯度的水及容器与之相匹配,才能发挥试剂纯度的作用,达到双赢要求的精度。化学工作者必须对化学试剂标准有明确的认识,做到合理使用化学试剂,既不超规格引起浪费,又不随意降低规格影响分析结果的准确度。

二、化学试剂的取用

1. 固体药品的取用

固体试剂装在广口瓶内。见光易分解的试剂,如 $AgNO_3$、$KMnO_4$ 等要装在棕色瓶中。

1) 取用固体药品前,应先看清标签,包括药品名称、纯度、所带结晶水数目等,没有标签的试剂绝不能随便使用。

2) 使用干净的药品匙取固体试剂,不得用手直接拿取。药品匙不能混用,实验后洗净、晾干,下次再用,避免沾污药品。要严格按量取用药品。"少量"固体试剂对一般常量实验意指半个黄豆粒大小的体积,对微型实验为常量的1/5~1/10体积。多取试剂不仅浪费,往往还影响实验效果。

3) 药品取用后,必须立即将瓶盖盖好。

4) 需要称量的固体试剂,可放在称量纸上称量;对于具有腐蚀性、强氧化性、易潮解的固体试剂要用小烧杯、称量瓶、表面皿等装载后进行称量。根据称量精确度的要求,可分别选择台秤和天平称量固体试剂。用称量瓶称量时,可用减量法操作。

2. 液体试剂的取用

液体试剂装在细口瓶或滴瓶内。

1) 取用液体药品前,应先看清标签,包括药品名称、浓度、配制日期,防止使用失效的试剂。

2) 取用液体药品时,取下的瓶塞或瓶盖应倒置在桌上,启用后应立即盖好试剂以保持密封,防止沾污或变质。

3) 用滴管吸取试剂滴入试管或烧杯时,滴管口应距接收容器口(如试管口)0.5 cm左右,以免与器壁接触而沾染其他试剂,使滴瓶内试剂受到污染。如要从滴瓶中取出较多溶液时,可直接倾倒。先排除滴管内的液体,然后把滴管夹在食指和中指间,再倒出所需量的试剂。注意滴管不能倒持,以防试剂腐蚀胶帽使试剂变质。不能用自己的滴管取公用试剂,如试剂瓶不带滴管又需取少量试剂,则可把试剂按需要量倒入小试管中,再用自己的滴管取用。

4) 从细口瓶中取用试剂时,要用倾注法取用。先将瓶塞反放在桌面上,倾倒时瓶上的标签要朝向手心,以免瓶口残留的少量液体顺瓶壁流下而腐蚀标签。瓶口靠紧容器,使倒出的试剂沿玻璃棒或器壁流下。倒出需要量后,慢慢竖起试剂瓶,使流出的试剂都流入容器中,一旦有试剂流到瓶外,要立即擦净。

5) 在试管实验中经常要取"少量"溶液,这是一种估计体积,对常量实验是指0.5~1.0 ml,对微型实验一般指3~5滴,根据实验的要求灵活掌握。要会估计1 ml溶液在试管中占的体积和由滴管加的滴数相当的毫升数。

6) 要准确量取溶液,则根据准确度和量的要求,可选用量筒、移液管或滴定管。

第二节　化学实验常用仪器

一、基本实验仪器

常用基本实验仪器见表2-3。

表2-3　常用基本实验仪器

名　称	规　格	主要用途	使用注意事项
烧杯	有硬质、软质、有刻度、无刻度、低型、高型之分，以容量大小表示：有 5 ml、10 ml、25 ml、50 ml、100 ml、250 ml、500 ml、1 000 ml 等	常用反应器、配制溶液，物质的加热、溶解、蒸发、沉淀、结晶等	加热前将烧杯外壁擦干，加热时应置于石棉网上，使其受热均匀，一般不可烧干。反应溶液不得超过烧杯的2/3，以免外溢
锥形瓶	有有塞、无塞之分，以容量大小表示：如 25 ml、100 ml、125 ml、250 ml 等	反应容器、加热处理试样和容量分析滴定用	加热时应置于石棉网上或置于水浴中，反应溶液不能太多，磨口锥形瓶加热时要打开塞，非标准磨口要保持原配塞
圆底烧瓶	有有塞、无塞之分，以容量大小表示：如 25 ml、100 ml、125 ml、250 ml 等	蒸馏，也可作少量气体发生反应器	加热时应置于石棉网上或置于水浴中，反应溶液不能太多，磨口锥形瓶加热时要打开塞，非标准磨口要保持原配塞
圆(平)底烧瓶	以容量大小表示：有 5 ml、10 ml、25 ml、50 ml、100 ml、250 ml、500 ml、1 000 ml 等	加热及蒸馏液体	一般避免直火加热，隔石棉网或各种加热浴加热
洗瓶	由塑料瓶和斜管配成，容量一般为 500 ml	装纯化水洗涤仪器或装洗涤液洗涤沉淀	
量筒　量杯	以最大容量表示：有 5 ml、10 ml、25 ml、50 ml、100 ml、500 ml、1 000 ml 等	粗略地量取一定体积的液体用	不能加热，不能在其中配制溶液，不能在烘箱中烘烤，操作时要沿壁加入或倒出溶液

续表

名　称	规　格	主要用途	使用注意事项
容量瓶	分无色、棕色两种，以满刻度容量表示；有 50 ml、100 ml、250 ml、500 ml、1 000 ml 等	配制准确体积的标准溶液或被测溶液	非标准的磨口塞要保持原配，漏水的不能用，不能在烘箱内烘烤，不能用直火加热，可水浴加热
滴定管	分无色、棕色两种，又根据所盛溶液不同分为碱式滴定管和酸式滴定管，有 25 ml、50 ml、100 ml	容量分析滴定操作	活塞要原配，漏水的不能使用，不能加热，不能长期存放碱液，碱式管不能放与橡皮作用的滴定液
大肚移液管	注明容量及温度：有 2 ml、5 ml、10 ml、25 ml、50 ml、100 ml 等	准确地移取一定体积的液体	不能加热，上端和尖端不可磕破
刻度移液管	以满刻度容量表示：有 0.2 ml、0.5 ml、1 ml、2 ml、5 ml、10 ml 等	准确地移取一定体积的液体	不能加热，上端和尖端不可磕破
称量瓶	分高型和低型两种，以瓶高(mm)×瓶径(mm)表示，有 40×20、60×30、25×40 等	高型用于称量基准物、样品，低型用作测定干燥失重或在烘箱中烘干基准物	不能加热 磨口塞要原配 不可盖紧磨口塞烘烤 不用时应洗净，在磨口处夹上纸条
试剂瓶	分无色、棕色两种，有广口瓶和细口瓶，有 30 ml、60 ml、125 ml、250 ml、500 ml、1 000 ml 等	广口瓶用于装固体试剂，细口瓶用于存放液体试剂，棕色瓶用于存放见光易分解的试剂	不能加热，不能在瓶内配制放出大量热量的溶液，磨口塞要保持原配，放碱液的瓶子应使用橡皮塞，以免日久打不开
滴瓶	分无色、棕色两种，有 30 ml、60 ml、125 ml 等	装需滴加的试剂	不能加热，不能在瓶内配制放出大量热量的溶液，磨口塞要保持原配，放碱液的瓶子应使用橡皮塞，以免日久打不开

续表

名　称	规　格	主要用途	使用注意事项
滴管		吸取、滴加溶液用	注意不被污染 胶头易受腐蚀,不能长期存放
玻棒		搅拌溶液和协助倾出溶液	保持清洁,注意不要给体系带来杂质和污染。玻璃棒两端应光滑,以防划伤手或烧杯
短颈漏斗		短颈漏斗用作一般过滤,长颈漏斗用于添加液体药品	制作过滤器时,滤纸紧贴漏斗壁,用水润湿,注意不得留有气泡,滤纸低于漏斗壁边缘,液体低于滤纸边缘 应将长颈漏斗末端插入液面下,防止气体逸出
分液漏斗　滴液漏斗	球形、梨形、筒形	分开两种互不相溶的液体,用于萃取分离和富集(多用梨形),制备反应中加液体(多用球形及滴液漏斗)	磨口旋塞必须原配,漏水的漏斗不能使用 分离液体时,下层液体由下口流出,上层液体由上口倒出
冷凝管	直形、球形、蛇形、空气冷凝管	用于冷却蒸馏出的液体,蛇形管适用于冷凝低沸点液体蒸气,空气冷凝管用于冷凝沸点150℃以上的液体蒸气	不可骤冷骤热,注意从下口进冷却水,上口出水
抽滤瓶		抽滤时接受滤液	属于厚壁容器,能耐负压,不可加热
酒精灯			酒精不能超过容积的2/3,不能少于1/4;点燃酒精灯时,不能用一个酒精灯点燃另一个酒精灯;加热用外焰,熄灭用灯帽盖灭,不能用嘴吹

续表

名　　称	规　　格	主要用途	使用注意事项
普通试管	分硬质试管和软质试管,普通试管又有翻口、平口、有支管、无支管、有塞、无塞等几种 有刻度的按容积(ml)分;无刻度用管径(mm)×管长(mm)表示,如 10 mm×75 mm	定性分析检验离子	硬质玻璃制的试管可直接在火焰上加热,但不能聚冷,加热时应用试管夹夹持,均匀加热,试管内液体不能超过试管的1/3
离心试管	有刻度的按容积(ml)分;无刻度用管径(mm)×管长(mm)表示	在离心机中借离心作用分离溶液和沉淀	只能水浴加热
(纳氏)比色管	外形与普通试管相似但比试管多一条精确的刻度线并配有橡胶塞或玻璃塞,且管壁比普通试管薄,常见规格有 10 ml、25 ml、50 ml、100 ml。	比色、比浊分析	不可直火加热;非标准磨口塞必须原配;注意保持管壁透明,不可用去污粉刷洗
表面皿	以直径(mm)表示	盖烧杯及漏斗等	不可直火加热,直径要略大于所盖容器,凹面向下盖在烧杯上
蒸发皿	瓷质,以皿口直径(mm)表示	可作反应器,蒸发和浓缩溶液用,也可用于灼烧固体	可直接加热,但不宜骤冷,高温时不能用冷水洗涤或冷却。拿取灼热的蒸发皿时,要用预热过的坩埚钳,并且要放在石棉网上,不能直接放在桌面
坩埚	材质有瓷、石英、刚玉、金属等,以容积大小表示	重量分析中烘干需称量的沉淀	可直接加热,但不宜骤冷,高温时不能用冷水洗涤或冷却。拿取灼热的蒸发皿时,要用预热过的坩埚钳,并且要放在石棉网上,不能直接放在桌面
研钵		研磨固体试剂及试样用;不能研磨与玻璃作用的物质	不能撞击,不能烘烤,不能加热,研磨时不能用力过猛或锤击

续表

名 称	规 格	主要用途	使用注意事项
干燥器	以口径(cm)大小表示	保持烘干或灼烧过的物质的干燥,也可干燥少量制备的产品	底部放变色硅胶或其他干燥剂,盖磨口处涂适量凡士林;灼热的物体放入干燥器前,应先在空气中冷却30~60 s,放入热的物体后要时时开盖以免盖子跳起或冷却后打不开盖子
三角架	铁制品,有大小、高低之分,比较牢固	三角架在加热时起支撑作用,上面垫石棉网放烧杯或坩埚,下面放酒精灯	
泥三角	由铁丝弯成并套有瓷管,有大小之分	灼烧坩埚时放置坩埚用	
试管夹	有木质、铝制和塑料制等	夹试管用	夹持试管时,试管夹应从试管底部套入,夹于距试管口2~3 cm处
试管架	有木质、铝质、塑料的	放试管用	
铁架台		用于固定或放置反应容器,铁环还可以代替漏斗架使用	
水浴锅	铜、铝或不锈钢制品	用于间接加热,也用于控温实验	用于加热时,防止将锅内水烧干。用完后将锅内水倒掉,并擦干锅体,以免腐蚀

二、常用化学实验精密仪器

1. 电子天平

电子天平是最新一代的天平,是根据电磁力平衡原理,直接称量,全量程不需砝码。放上称量物后,在几秒内即达到平衡,显示读数,称量速度快,精度高。电子天平的支撑点用弹性簧片,取代机械天平的玛瑙刀口,用差动变压器取代升降枢装置,用数字显示代替指针刻度式。因而,电子天平具有使用寿命长、性能稳定、操作简便和灵敏度高的特点。此外,电子天平还具有自动校正、自动去皮、超载指示、故障报警以及质量电信号输出等功能,且可与打印机、计算机联用,进一步扩展其功能,如统计称量的最大值、最小值、平均值及标准偏差等。由于电子天平具有机械天平无法比拟的优点,尽管其价格较贵,但越来越广泛地应用于各个领域并逐步取代机械天平。

AL104 电子天平如图 2-1,其操作步骤如下:

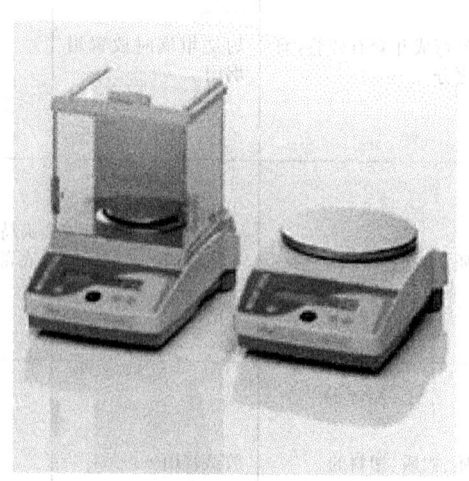

图 2-1　AL104 电子天平

(1) 开机

1) 检查天平是否处于水平位置(水平泡处于中心位置,如),若没有水平,则调节天平底部的两个水平旋钮至水平位置。

2) 接通电源,按"NO/OFF"按钮,当天平显示 0.000 0 g 时,预热 30 min,即进入称量状态。(注:为确保称量的准确度,应先开机预热 30 min,再进行称量。)

(2) 天平的校准

1) 在开机状态下,清除天平秤盘上的被称量物,按去皮按钮,待天平显示器稳定显示。

2) 按住"CAL/MENU"按钮,直到天平显示"CAL200.000 0 g"字样,放入标值 200 g 砝码,天平显示"CAL0.000 0 g"时移去砝码,天平即自动进行校准。

3) 当显示"CAL/DONE"和"0.000 0 g"后,天平校准结束。

(3) 称量

打开玻璃密封门,将待测物轻轻放在秤盘中心,关上密封门,待显示值稳定后,记录下待测物的质量,再将被测物轻轻取出,关紧密封门;当称量过程中需要去皮,按去皮按钮,此时显示值为"0.000 0 g"。

(4) 关机

称量完毕,确定天平秤盘上清洁无物后,按住"NO/OFF"按钮至关机(屏幕上无显示)。

(5) 使用期间核准

核准方法:将一标称值为 200 g 的砝码,放在该仪器上称量,偏差不大于 0.000 5 g。期间核查应符合上述标准,否则应该停止检验,查明原因,重新核查。

核准周期:每次开机时进行。

(6) 注意事项

1) 当天平移动后,开机前必须调整支脚螺栓,使天平处于水平状态,且不能马上开机,需要在新环境中达到平衡。

2) 天平应该放置在无振动气流、热辐射和含腐蚀性气体的环境中。

3) 天平称量室内应放置变色硅胶,硅胶变色后应立即更换。

4) 不允许连续校准天平。

5) 在任何条件下都不能向称量盘吹气,只能用软毛刷清扫称量盘。

(7) 维护保养

1) 用软毛刷轻轻扫称量盘周围的烟末和灰尘。

2) 及时用酒精棉球和干棉球擦拭滴落在称量盘上的液体状物质。

2. 酸度计

酸度计也叫 pH 计,是测定溶液 pH 最常用的仪器之一。酸度计可以分为笔式酸度计、便携式酸度计、台式酸度计、在线式酸度计。

酸度计的主体是精密的电位计。测定时把复合电极插在被测溶液中,由于被测溶液的酸度(氢离子浓度)不同而产生不同的电动势,将它通过直流放大器放大,最后由读数指示器(电压表)指出被测溶液的 pH。用酸度计进行电位测量是测量 pH 最精密的方法。pH 计由三个部件构成:一个参比电极;一个玻璃电极,其电位取决于周围溶液的 pH;一个电流计,该电流计能在电阻极大的电路中测量出微小的电位差。由于采用最新的电极设计和固体电路技术,现在最好的 pH 计可分辨出 0.005 pH 单位。参比电极的基本功能是维持一个恒定的电位,作为测量各种偏离电位的对照。银-氧化银电极是目前 pH 计中最常用的参比电极。玻璃电极的功能是建立一个对所测量溶液的氢离子活度发生变化作出反应的电位差。把对 pH 敏感的电极和参比电极放在同一溶液中,就组成一个原电池,该电池的电位是玻璃电极和参比电极电位的代数和。$E_{电池}=E_{参比}+E_{玻璃}$,如果温度恒定,这个电池的电位随待测溶液的 pH 变化而变化，而测量酸度计中的电池产生的电位是困难的，因其电动势非常小，且电路的阻抗又非常大（1~100 MΩ）；因此，必须把信号放大，使其足以推动标准毫伏表或毫安表。电流计的功能就是将原电池的电位放大若干倍，放大的信号通过电表显示出，电表指针偏转的程度表示其推动的信号的强度，为了使用上的需要，pH 电流表的表盘刻有相应的 pH 数值；而数字式 pH 计则直接以数字显出 pH。

PB-10 酸度计如图 2-2，其操作步骤如下：

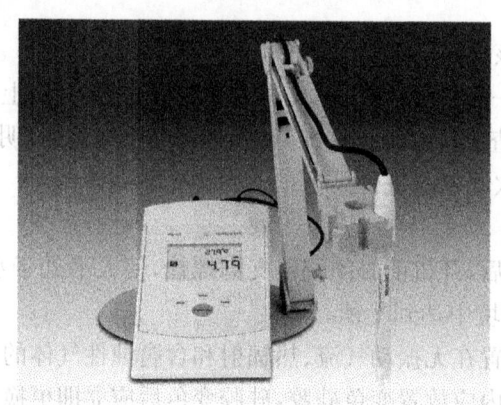

图 2-2 PB-10 酸度计

(1) 开机

将电源线插入电源电座上，按下电源开头，接通电源后预热 30 min 左右。

(2) 标定

在酸度计使用前，要先标定：

1) 在测量电极插座处拔下短路插头。

2) 在测量电极插座处插上复合电极。

3) 把"选择"旋钮调到 pH 挡。

4) 调节"温度"旋钮，使旋钮红线对准溶液温度值。

5) 把"斜率"调节旋钮顺时针旋到底（即调到 100% 位置）。

6) 把清洗过的电极插入 pH=6.86 的标准缓冲溶液中。

7) 调节"定位"调节旋钮，使仪器显示读数与缓冲溶液的 pH 一致（如 pH=6.86）。

8) 用蒸馏水清洗电极，再用 pH=4.00 的标准缓冲溶液调节"旋钮到 4.00 pH"。

9) 重复 6)~8) 的动作，直至显示的重现稳定在标准溶液 pH 的数值上，允许变化范围为 0.01 pH 上下浮。

注意：经标定的仪器"定位"调节旋钮及"斜率"调节旋钮不应再有变动。标定的标准缓冲溶液第一次用 pH=6.86 的溶液，第二次应接近被测溶液的值，如被测溶液为酸性时,缓冲溶液应选 pH＝4.00;若被测溶液为碱性时,则选 pH＝9.18 的缓冲溶液。

一般情况下,在 24 h 内仪器不需要再标定。

(3) 测量待测溶液的 pH

1)"定位"调节旋钮不变。

2) 用蒸馏水清洗电极头部,用滤纸吸干。

3) 把电板浸入被测深溶液中,搅拌溶液,使溶液均匀,在显示屏上读出溶液 pH。

4) 测量结束后,将电极泡在 3 mol·L^{-1} 的 KCl 溶液中,或及时套上保护套,套内装少量 3 mol·L^{-1} 的 KCl 溶液以保持电极球泡的湿润。

3. 可见分光光度计

在可见光的照射下,溶液中的物质会产生对光的吸收效应,这种吸收是具有选择性的,各种不同的物质都有各自的吸收光谱,因当某些单色光通过溶液时其能量就会被吸收而减弱,因此通过光电管检测透过光的强度,使光能量转换为电信号,从指示表上显示出吸光度(消光值),从而推算出溶液的浓度,达到测定的目的。

分光光度计的光学系统如图 2-3 所示。

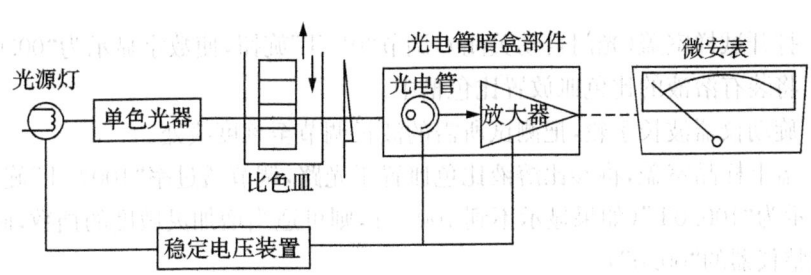

图 2-3 分光光度计光学系统示意图

722G 分光光度计如图 2-4 所示,其操作步骤如下:

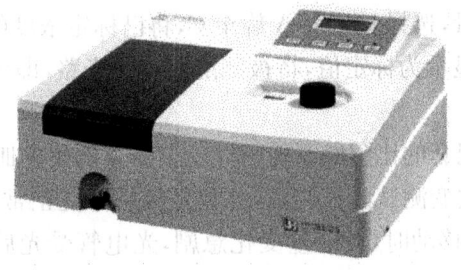

图 2-4 722G 分光光度计

(1) 打开电源,开机预热 30 min。

(2) 设置

1) 本仪器键盘共四个键,分别为:MODE、PRINT、▽/0%、△/A0 100%。

2) MODE 键切换 A、T、C、F 值;A——吸光度、T——透射比、C——浓度、F——斜率,经测定确认后的 F 值要通过按键输入。

3) PRINT 键用于当处于"F"状态时,具有确认的功能,即确认当前的 F 值,并自动转到"C",计算当前 C 值($C=F\times C$)。

4) ▽/0%有两个功能:①调零:只在 T 状态下有效,打开样品室,按键后应显示"00.0";②下降键:F 状态按键自动减 1。

5) △/A0 100%有两个功能:①只有在 A、T 状态时有效,关闭样品室盖,按键后显示"0.000"、"100.0";②上升键:F 状态按键自动加 1。

(3) 斜率设置

按"MODE"键切换至 F,按"△/A0 100%"、"▽/0%"键调节到所需斜率。

(4) 调零

"MODE"键切换 T 状态,打开样品室,按"▽/0%"调零,显示"00.0";此时关闭样品室则显示"100.0"。

(5) 测量

1) 先将比色皿用蒸馏水清洗数遍,再用待测样品润洗数次后加满待测样品备用。

2) 打开试样室盖(光门自动关闭),调节"0%T"旋钮,使数字显示为"00.0"。

3) 将装有溶液的比色皿放置比色槽中。

4) 旋动仪器波长手轮,把测试所需的波长调节至刻度线处。

5) 盖上样品室盖,将参比溶液比色皿置于光路中,调节透过率"100%T"旋钮,使数字显示为"100.0T"(如果显示不到100%T,则可适当增加灵敏度的挡数,同时应重复调整仪器的"00.0")。

6) 将被测溶液置于光路中,数字表上直接读出被测溶液的透光度(T)值。

7) 吸光度 A 的测量,调整仪器的"00.0"和"100.0",按"△/A0 100%"键,使得数字显示为".000",然后移入被测溶液,显示值即为试样的吸光度 A 值。

8) 浓度 C 的测量,选择开关由 A 旋至 C,将已标定浓度的溶液移入光路,调节浓度按钮,使得数字显示为标定值,将被测溶液移入光路,即可读出相应的浓度值。

(6) 注意事项

1) 每台仪器所配套的比色皿不能与其他仪器上的比色皿单个调换。

2) 如果大幅度改变测试波长时,需等数分钟后才能正常工作。因波长由长波向短波或短波向长波移动时,光能量变化急剧,光电管受光后响应较慢,需一段光响应平衡时间。

4. 电导率仪

电导率是物质传送电流的能力,是电阻率的倒数。水的电导是衡量水质的一个很重要的指标。它能反映出水中存在的电解质的程度。根据水溶液中电解质的浓度不同,则溶液导电的程度也不同。通过测定溶液的导电度来分析电解质在溶解中的溶解度。这就是电导仪的基本分析方法。

溶液的电导率与离子的种类有关。同样浓度电解质,它们的电导率也不一样。通常强酸的电导率最大,强碱、强酸强碱盐类次之,而弱酸和弱碱的电导率最小。因此,通过对水的电导的测定,对水质的概况就有了初步的了解。电阻率的倒数即称之为电导率 L。电导率 L 的计算式如下:$L=1/R=S/l$,电导的单位称西[门子]。用 S 表示,由于 S 单位太大,常采用毫西[门子],微西[门子],$1S=10^3 mS=10^6 \mu S$。

溶液的电导 λ 除与电解质种类、溶液浓度及温度等有关外,还与所使用的电极的面积 A、两极间距离 l 有关,其关系为

$$\lambda = kA/l$$

式中,k 称为比电导或电导率。

在电导率仪中,常用的电极有铂黑电极或铂光亮电极(统称为电导电极),对于某一给定的电极来说,l/A 为常数,叫做电极常数(或称为电导池常数)。每一电导电极的常数由制造厂家给出。

现以 DDS-307A 型电导率仪为例(见图2-5),简单说明之。

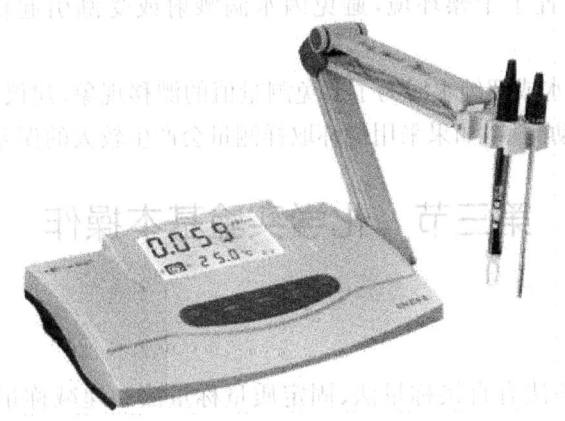

图2-5 DDS-307A 电导率仪

(1) 开机

打开电源开关,仪器进入测量状态。

(2) 参数设置

设置方法如下:

1) 按"电极常数"键仪表显示"电极常数"符号,表明进行电极常数设置,按"升、降"键设置到需要的电极常数,然后按"确认"键,仪器显示"测量"进入测量状态。

2) 按"温度系数"键仪表显示"温度系数%"符号,表明进行溶液温度系数设

置,按"升、降"键设置到需要的温度系数(一般溶液的温度系数为2.0%),然后按"确认"键,仪器显示"测量"进入测量状态,(出厂时仪器温度系数设置在2.0%)。

3) 按"温度设置"键仪表"℃"符号闪烁,表明进行溶液温度设置,按"升、降"键设置到溶液的温度,然后按"确认"键,仪器显示"测量"进入测量状态。当配DJS-1T型带温度探头电极时,仪器自动进行温度测量,此时"温度设置"键不起作用。

(3) 测量

仪器在测量状态下,将清洗过的电极浸入溶液中,此时显示数值即为被测溶液的电导率值。

(4) 注意事项

1) 铂黑电极干放一段时间后在使用前须在蒸馏水中浸泡一会儿。

2) 为确保测量精度,电极使用前应用小于 0.5 μS/cm 的蒸馏水(或去离子水)冲洗两次,然后用被测试样冲洗三次方可测量。

3) 绝对防止电极插头座受潮,以防造成不必要的测量误差。

4) 电极应定期进行常数标定。

5) 测量电极是精密部件,不可分解,不可改变电极形状和尺寸,且不可用强酸、碱清洗,以免改变电极常数而影响仪表测量的准确性。

6) 仪表应安置于干燥环境,避免因水滴溅射或受潮引起仪表漏电或测量误差。

7) 在测量纯水或超纯水时为了避免测量值的漂移现象,建议采用密封槽进行密封状态下的流动测量,如果采用烧杯取样测量会产生较大的误差。

第三节 化学实验基本操作

一、称量

常用的称量方法有直接称量法、固定质量称量法和递减称量法,现分别介绍如下。

1. **直接称量法**

此法是将称量物直接放在天平盘上直接称量物体的质量。例如,称量小烧杯的质量,容量器皿校正中称量某容量瓶的质量,重量分析实验中称量某坩埚的质量等,都使用这种称量法。

2. **固定质量称量法**

此法又称增量法,此法用于称量某一固定质量的试剂(如基准物质)或试样。这种称量操作的速度很慢,适于称量不易吸潮、在空气中能稳定存在的粉末状或小颗粒(最小颗粒应小于0.1mg,以便容易调节其质量)样品。

固定质量称量法如图2-6(a)所示。注意:若不慎加入试剂超过指定质量,应先关闭升降旋钮,然后用牛角匙取出多余试剂。重复上述操作,直至试剂质量符合指定要求为止。严格要求时,取出的多余试剂应弃去,不要放回原试剂瓶中。操作时不能将试剂散落于天平盘等容器以外的地方,称好的试剂必须定量地由表面皿等容器直接转入接受容器,此即所谓"定量转移"。

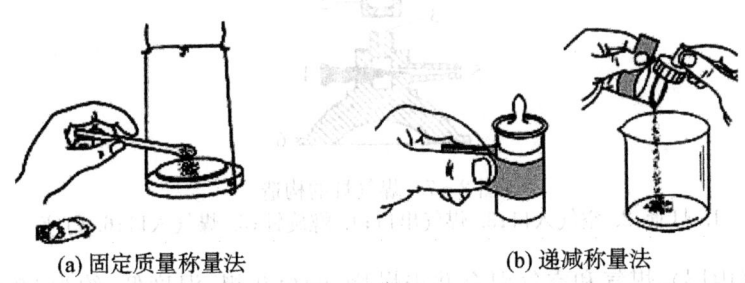

(a) 固定质量称量法　　　　(b) 递减称量法

图 2-6　称量方法

3. 递减称量法

又称减量法[参见图 2-6(b)],此法用于称量一定质量范围的样品或试剂。在称量过程中样品易吸水、易氧化或易与 CO_2 等反应时,可选择此法。由于称取试样的质量是由两次称量之差求得,故也称差减法。称量步骤如下:从干燥器中用纸带(或纸片)夹住称量瓶后取出称量瓶(注意:不要让手指直接触及称瓶和瓶盖),用纸片夹住称量瓶盖柄,打开瓶盖,用牛角匙加入适量试样(一般为称一份试样量的整数倍),盖上瓶盖。称出称量瓶加试样后的准确质量。将称量瓶从天平上取出,在接收容器的上方倾斜瓶身,用称量瓶盖轻敲瓶口上部使试样慢慢落入容器中,瓶盖始终不要离开接受器上方。当倾出的试样接近所需量(可从体积上估计或试重得知)时,一边继续用瓶盖轻敲瓶口,一边逐渐将瓶身竖直,使黏附在瓶口上的试样落回称量瓶,然后盖好瓶盖,准确称其质量。两次质量之差,即为试样的质量。按上述方法连续递减,可称量多份试样。有时一次很难得到合乎质量范围要求的试样,可重复上述称量操作 1~2 次。

二、加热方法

加热是实验室中常用的实验手段,这里主要介绍用煤气灯、水浴、沙浴、电加热套、电炉、管式炉和马弗炉加热。

1. 煤气灯加热

煤气灯是实验室中不可缺少的实验工具,种类虽多,但构造原理基本相同。最常用的煤气灯构造如图 2-7 所示。

当空气入口完全关闭时,点燃煤气灯,使火焰保持适当的高度,这时煤气燃烧不完全并且产生炭粒,火焰呈黄色,温度不高;向上旋转灯管调节空气进入量,使煤气燃烧完全,这时火焰由黄色变蓝色,直至分为三层,称为正常火焰(图 2-8):内

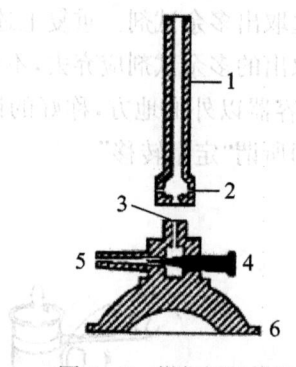

图 2-7 煤气灯的构造

1. 灯管；2. 空气入口；3. 煤气出口；4. 螺旋针；5. 煤气入口；6. 灯座

层为焰心(内层)，煤气和空气混合并未燃烧，颜色灰黑，温度低，约为 300℃；中层为还原焰(中层)，煤气燃烧不完全，火焰含有炭粒，具有还原性，称为还原焰，还原焰火焰呈淡蓝色，温度较高；外层为氧化焰(外层)，煤气完全燃烧，过剩的空气使火焰具有氧化性，称为氧化焰，氧化焰火焰呈淡紫色，温度高，可达 800～900℃。

煤气灯火焰的最高温度处在还原焰顶端的上部。实验时，一般用氧化焰来加热，根据需要可调节火焰的大小。

当空气或煤气的进入量调节不合适时，会产生不正常火焰，如图 2-9 所示。

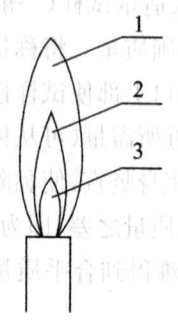

图 2-8 分层火焰

1. 氧化焰；2. 还原焰；3. 焰心

(a) 临空火焰　(b) 侵入火焰

图 2-9 不正常火焰

当空气和煤气进入量都很大时，火焰离开灯管燃烧，称为临空火焰[图 2-9(a)]。当火柴熄灭时，火焰也立即熄灭。当空气进入量很大而煤气量很小时，煤气在灯管内燃烧，管口上有细长火焰，这种火焰称为侵入火焰[图 2-9(b)]。侵入火焰会把灯管烧得很热，应注意，以免烫手。遇到不正常火焰，要关闭煤气开关，待灯管冷却后重新调节再点燃。

煤气灯直接加热试管中液体或固体时，用试管夹夹在试管的中部偏上的位置，试管略倾斜，管口不要对着人，小火缓慢加热，注意安全。

用煤气灯加热烧杯、锥形瓶、烧瓶等玻璃器皿中的液体时，必须放在石棉网上，所盛液体应不超过烧杯的1/2或锥形瓶、烧瓶的1/3。

加热蒸发皿时,放在石棉网或泥三角上,所盛液体不要超过其容积的2/3。

用煤气灯灼烧坩埚或加热固体时,坩埚要放在泥三角上,用氧化焰灼烧。先用小火加热,然后逐渐加大火焰灼烧。注意不要让还原焰接触坩埚底部,以防结炭以致破裂。高温下取坩埚时,要用坩埚钳。先将坩埚钳预热再去夹取坩埚,用后要将坩埚钳的尖端向上平放在实验台上。

2. 水浴和沙浴加热

如果要在一定范围的温度下进行长时间的加热,则可采用水浴、蒸汽浴、油浴或沙浴等。当被加热物质要求受热均匀而温度不超过100℃时,采用水浴加热;当被加热物质要求受热均匀,温度又高于100℃时,可用油浴或沙浴。水浴锅或油浴锅是具有可彼此分离的同心圆环盖的不锈钢锅[参见图2-10(a)],被加热的容器放在水浴锅的铜圈或者铝圈上。也可用烧杯代替水浴加热[参见图2-10(b)]。

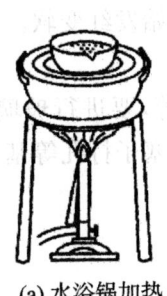
(a) 水浴锅加热

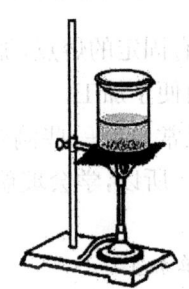
(b) 用烧杯进行水浴蒸汽加热

图2-10 水浴加热方法

注意水浴锅内盛水不要超过2/3,被加热的容器不要碰到水浴箱底。水浴可以用煤气灯直接加热水浴锅。沙浴是在铁制沙盘中装入细沙,将被加热容器下部埋在沙中,用煤气灯或电炉加热沙盘,沙浴温度可达300~400℃。

实验室经常用恒温水(油)浴箱(锅)进行水(油)浴加热。恒温水浴箱用电加热,可自动控制温度、同时加热多个样品。

3. 电加热

实验室常用电炉、管式炉、马弗炉(见图2-11)等进行电加热。

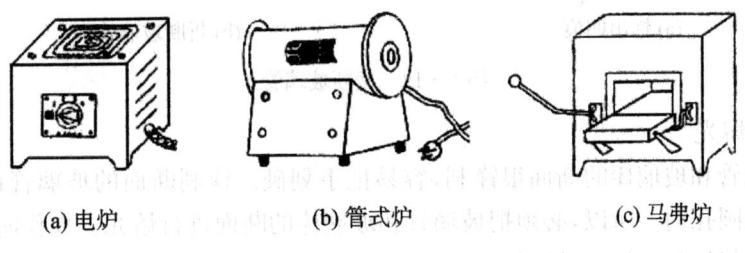

(a) 电炉   (b) 管式炉   (c) 马弗炉

图2-11 电加热仪器

电炉可代替煤气灯加热容器中的液体,如果电炉是非封闭式的,应在容器和电炉之间垫一块石棉网,以便溶液受热均匀和保护电热丝。

管式炉利用电热丝或硅碳棒加热,温度分别可达到 950℃和 1 300℃。炉膛中放一根耐高温的石英玻璃管或瓷管,管中再放入盛有反应物的瓷舟,使反应物在空气或其他气体中受热。

马弗炉也是利用电热丝或硅碳棒加热的高温炉,炉膛呈长方体,很容易放入要加热的坩埚或其他耐高温的容器。

管式炉和马弗炉的温度用温度控制仪连接热电偶来控制,热电偶是将两根不同的金属丝一端焊接在一起制成的,使用时把未焊接的一端连接在毫伏计正负极上,焊接端伸入炉膛内。温度愈高热电偶热电势愈大,由毫伏计指针偏离零点远近指示出温度的高低。

三、玻璃工操作与塞子钻孔

玻璃硬而脆,没有固定的熔点,加热到一定温度开始发红变软。玻璃的导热率小,冷却速度慢,因而便于加工。

在化学实验中经常自制一些滴管、搅拌棒、弯管等,要进行玻璃管的截断、拉细、弯曲和熔光操作。所以,学会玻璃管的简单加工和塞子打孔等基本操作是非常必要的。

1. 玻璃管的简单加工

(1) 截断

将玻璃管平放在实验台上,左手按住要截断处的左侧,右手用锉刀的棱在要截断的位置锉出一道凹痕。锉刀应该向一个方向锉,不要来回拉,锉痕应与玻璃管垂直,这样才能保证断后的玻璃管截面是平整的。然后,手持玻璃管凹痕向外用拇指在凹痕后面轻轻加压,同时食指向外拉,使玻璃管断开(见图 2-12)。

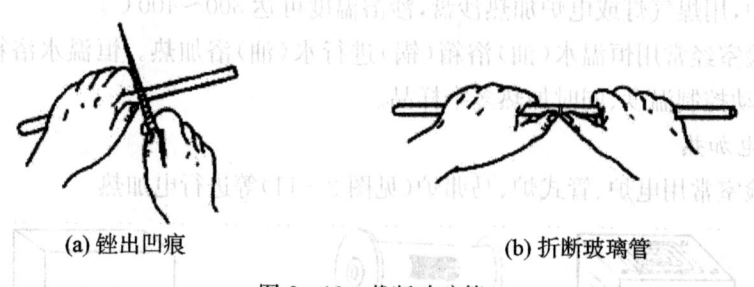

(a) 锉出凹痕　　　　　　　　(b) 折断玻璃管

图 2-12　截断玻璃管

(2) 熔光

玻璃管和玻璃棒的断面很锋利,容易把手划破。锋利断面的玻璃管也难以插入塞子的圆孔内。所以,必须把玻璃管和玻璃棒的断面进行熔光。操作时,把截面斜插入煤气灯氧化焰中,缓慢转动玻璃管使熔烧均匀,直到圆滑为止。

热的玻璃管和玻璃棒应按顺序放在石棉网上冷却,不要用手触摸玻璃管热的部位,避免烫伤。

(3) 拉细

如图 2-13 所示,双手持玻璃管,把要拉的位置斜放入氧化焰中,尽量增大玻璃管的受热面积,缓慢转动玻璃管。当玻璃管被烧到足够红软时,离开火焰稍停 1~2 s,沿着水平方向边拉边旋转,拉到所需要的细度时,一手持玻璃管使其竖直下垂冷却,然后按顺序放在石棉网上冷却至室温。

待玻璃管冷却后,在拉细部分截断,即得到带有尖头的玻璃管。熔光时,粗的一端烧熔后立刻垂直在石棉网上轻轻按压出沿状,冷却后安上胶头即成滴管。细的一端要小心加热熔光,避免烧结。

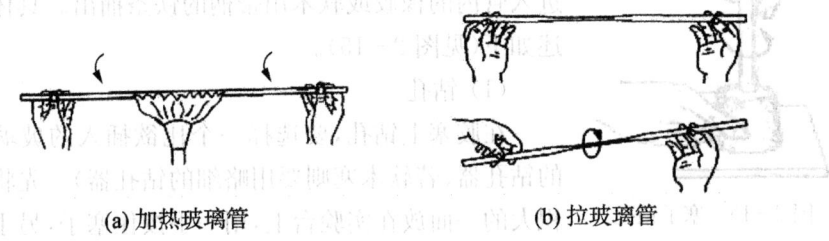

图 2-13 加热玻璃管和拉玻璃管

(4) 弯曲

根据需要玻璃可弯成不同的角度,弯管的方法可分为慢弯法和快弯法。

慢弯法:玻璃管在氧化焰上加热(与拉玻璃管加热操作相同),当被烧到刚发黄变软能弯时,离开火焰,弯成一定角度。弯管时两手向上,玻璃管弯成 V 字形[见图 2-14(a)]。120°以上的角度可一次弯成,较小的角可分几次弯成,先弯成一个较大的角,以后的加热和弯曲都要在前次加热部位稍偏左或偏右处进行,直到弯成所需要的角度,不要把玻璃管烧得太软,能弯就弯,一次不要弯得角度太大。

快弯法:先将玻璃管拉成尖头并烧结封死,冷却后在氧化焰中将玻璃管欲弯曲部位加热到足够红软时,离开火焰。如图 2-14(b)所示操作,左手拿玻璃管从未封口一端用嘴吹气,右手持尖头的一端向上弯管,一次弯成所需要的角度。这种方

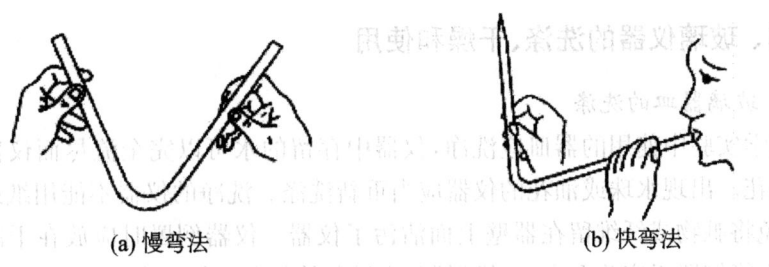

图 2-14 弯玻璃管

法要求煤气的火焰宽些,加热温度要高,弯成的角比较圆滑。注意吹的时候用力不要过大,以免将玻璃管吹漏气或变形。

2. 塞子钻孔

实验室常用的塞子有玻璃塞、橡胶塞、软木塞、塑料塞等。玻璃塞一般是磨口的,与瓶配合紧密,但带有磨口塞的玻璃瓶不适合装碱性物质。软木塞不易与有机物质作用,但易被碱腐蚀。胶塞可以把瓶塞紧又可以耐碱腐蚀,但易被强酸和某些有机物质所侵蚀。

当塞子上需要插入温度计或玻璃管时,就需要钻孔。实验室经常用的钻孔工具是钻孔器,它是一组粗细不同的金属管。钻孔器前端很锋利,后端有柄可用手握,钻后进入管内的橡胶或软木用带柄的铁条捅出。具体步骤叙述如下(见图2-15)。

(1) 钻孔

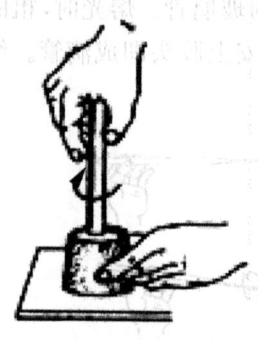

图2-15 塞子钻孔

在胶塞上钻孔,要选择一个比欲插入的玻璃管稍粗的钻孔器(若软木塞则要用略细的钻孔器)。先将塞子面积大的一面放在实验台上,用一手按住塞子,另手握钻孔器的柄,在要求钻孔的位置上,用力向下压并向同一方向旋转钻孔器。当钻孔器进入塞子的深度大于塞子厚度一半时,将钻孔器反向旋转拔出,再把塞子翻过来,在大面的同一位置上,用钻孔器钻到两面相通为止。

钻孔时钻孔器必须保持与塞子的底面垂直,以免将孔钻斜,为了减少摩擦力可在钻孔器上涂上甘油。对于软木塞,需先用压塞机压实,或用木板在实验台上压实,其余操作如前所述。

橡胶的摩擦力较大,为胶塞钻孔时一般用力较大,应注意安全,避免受伤。

(2) 安装玻璃管

孔钻好后,将玻璃管前端用水润湿,转动下把管插入塞中合适的位置。注意手握管的位置应靠近塞子,不要用力过猛,以免折断玻璃管把手扎伤,可用毛巾等把玻璃管包上,防止扎伤。如果玻璃管很容易插入,说明塞子的孔过松不能用。若塞子的孔过小时可先用圆锉将孔锉大,然后再插入玻璃管。

四、玻璃仪器的洗涤、干燥和使用

1. 玻璃器皿的洗涤

化学实验中使用的器皿应洗净,仪器中存留的水可以完全流尽而仪器不留水珠和油花。出现水珠或油花的仪器应当重新洗涤。洗净的仪器不能用纸或抹布擦干,以免将脏物或纤维留在器壁上面沾污了仪器。仪器倒置时应放在干净的仪器架上(不能倒置于实验台上)。锥形瓶、容量瓶等仪器可倒挂在漏斗板或铁架台上。小口颈的试管等可倒插在特别的干净的支架上。洗涤仪器时,应根据实验的要求、污物的性质和仪器被污染的程度,选择适当的方法加以洗涤。

(1) 用去污粉、洗涤剂洗

实验室中常用的烧杯、锥形瓶、量筒等一般的玻璃器皿,可用毛刷蘸些去污粉或合成洗涤剂刷洗。

去污粉是由碳酸钠、白土、细沙等混合而成的。将要刷洗的玻璃仪器先用少量水润湿,撒入少量去污粉,然后用毛刷擦洗。利用碳酸钠的碱性去除油污,细沙的摩擦作用和白土的吸附作用增强了对玻璃仪器的清洗效果。玻璃仪器经擦洗后,用自来水冲掉去污粉颗粒,然后用蒸馏水洗三次,去掉自来水中带来的钙、镁、铁、氯等离子。

(2) 用铬酸洗液洗

滴定管、移液管、容量瓶等具有精确刻度的仪器,常用铬酸洗液浸泡 15 min 左右,再用自来水冲净残留在器皿上的洗液,然后用蒸馏水润洗 2~3 次。

铬酸洗液的配制:在台秤上称取 10 g 工业纯 $K_2Cr_2O_7$(或 $Na_2Cr_2O_7$)置于 500 ml 烧杯中,先用少许水溶解,在不断搅动下慢慢注入 200 ml 浓硫酸(工业纯),待 $K_2Cr_2O_7$ 全部溶解并冷却后,将其保存于带磨口的试剂瓶中。所配的铬酸洗液为暗红色液体,因浓硫酸易吸水,用后应将磨口玻璃塞子塞好。

使用洗液应按以下顺序操作:

1) 用洗液洗涤前,凡能用毛刷洗刷的仪器必须先用自来水和毛刷洗刷,倾尽水,以免洗液被稀释后降低洗涤效果。

2) 洗液用过后倒回原磨口瓶中,以备下次再用。当洗液变为绿色而失效时,可倒入废液桶中,绝不能倒入下水道,以免腐蚀金属管道和造成环境污染。

3) 用洗液洗涤过的仪器,应先用自来水冲净,再以蒸馏水润洗内壁 2~3 次。

4) 洗液为强氧化剂,腐蚀性强,使用时特别注意不要溅在皮肤和衣服上。

必须指出:洗液不是万能的,任何污垢都能用它洗去的说法是不对的。如被 MnO_2 沾污的器皿,用洗液是无效的,此时可用草酸、盐酸或酸性 Na_2SO_3 等还原剂洗去污垢。

另外,NaOH - $KMnO_4$ 水溶液、KOH -乙醇溶液、HNO_3 -乙醇溶液等也适于洗涤被有机物沾污的器皿。

(3) 超声波清洗

超声波清洗是利用超声波在液体中的空化作用、加速度作用及直进流作用对液体和污物直接、间接的作用,使污物层被分散、乳化、剥离而达到清洗目的。若在液体中添加适当的洗涤剂,可进一步加强洗涤效果。

2. 仪器的干燥

(1) 加热干燥

常用电热干燥箱、气流烘干器等干燥玻璃仪器。先把玻璃仪器中的水倒净,然后放入电热干燥箱中或倒扣在气流烘干器出气杆上烘干。电热干燥箱温度一般控制在100℃左右,沾有有机溶剂的玻璃仪器不能用电热干燥箱干燥,以免发生爆炸。气流烘干器对干燥锥形瓶、试管等非常方便。

蒸发皿、烧杯等也可以在石棉网上小火加热进行干燥,试管也可直接用小火烤干。

(2) 晾干和吹干

不急用的仪器,在洗净后,可以放置在洁净的实验柜内自然晾干。带有刻度的仪器,如用加热的方法来干燥会影响仪器的精密度,常用一些易挥发的有机溶剂(如乙醇等)加到仪器中,转动仪器使水与有机溶剂混溶,然后倒出,少量残留在仪器中的有机溶剂很快挥发而干燥。

有些玻璃仪器也可以用电吹风吹热风进行干燥。

3. 度量仪器的洗涤及使用方法

常用的量器除量筒外,还有容量瓶、移液管和滴定管,量筒只用来量取对体积不需十分精确的液体,而容量瓶、移液管和滴定管则有较高的精密度。读取量筒、移液管、滴定管等体积时,要使视线与管内液面保持水平,读取与弯月面底部相切的刻度,视线偏高和偏低都会造成误差。

(1) 容量瓶

配制准确浓度的溶液时要用容量瓶。容量瓶配有磨口玻璃塞或塑料塞,容量瓶上标明使用的温度和容积,瓶颈上有刻线。容量瓶使用前应检查瓶塞是否严密:在容量瓶内加水,塞上瓶塞,右手食指按住瓶盖,其余手指拿瓶颈标线以上部分,左手用指尖托住瓶底边缘,将瓶倒置2 min,如不漏水,将瓶直立,瓶盖旋转180°后再次检漏,如不漏水才能使用。为避免塞子打破或遗失,应用橡皮套把塞子系在瓶颈上。

容量瓶使用前先用少量洗液润洗后,依次用自来水润洗三次、蒸馏水润洗三次,洗净的容量瓶应不挂水珠。

用容量瓶配制溶液,如是固体物质,先要在烧杯内溶解,再转移到容量瓶中,转移溶液时用搅拌棒引流[见图2-16(a)]。用蒸馏水冲洗烧杯几次,洗涤液转入容量瓶中。然后慢慢往容量瓶中加入蒸馏水,当液面接近刻线约1 cm时,稍停后待附在瓶颈上的水流下后,用洗瓶或用烧杯溶样时所用的搅拌棒蘸水(尽量不用滴管)滴加水到水的弯月面与标线相切。盖好瓶塞,按图2-16(b)将容量瓶倒置摇动,重复几次,使溶液混合均匀。

如固体是经加热溶解的,溶液冷却后才能转入容量瓶内。如果要把浓溶液稀释,要用移液管吸取一定体积浓溶液放入容量瓶中,然后按上述操作加水稀至刻度线。

配好的溶液如需保存,应转移到清洁、干燥的磨口试剂瓶中。容量瓶用毕后应立即用水冲洗干净。如长期不用,磨口处应洗净擦干,并用纸片将磨口隔开。容量瓶不得在烘箱中烘烤,也不能用其他任何方法进行加热。

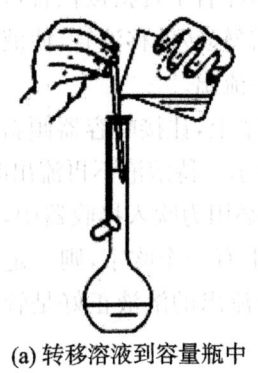
(a) 转移溶液到容量瓶中

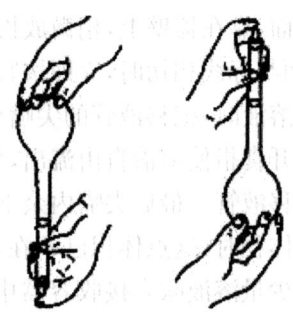
(b) 容量瓶的翻动

图 2-16　容量瓶的使用

(2) 移液管和吸量管

要求准确移取一定体积溶液时,可用移液管。经常用的移液管有 5 ml、10 ml、25 ml 等。移液管一般是中部有近球形的玻璃管,管的上部有一刻线表明体积,流出的溶液的体积与管上所标明的体积相同。吸量管一般只用于取小体积的溶液。管上带有分度(参见图 2-17)。

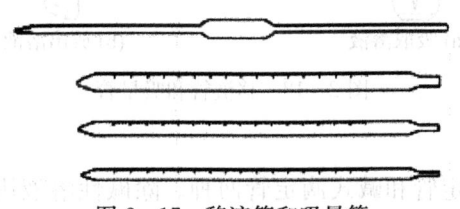

图 2-17　移液管和吸量管

移液管除了用洗涤液、自来水、蒸馏水依次洗涤洁净外,还需用少量待移取的溶液(每次约 10 ml)洗涤 2~3 次。润洗移液管时,为避免溶液稀释或沾污,可将溶液转移至小烧杯中吸取。首先吸入少量溶液至移液管中,将移液管慢慢放平,并旋转使移液管内壁全部洗过。然后将管直立,将管中液体沿烧杯内壁放出,然后再将小烧杯的液体沿管的外壁下部倒出(弃去)。这样一次即可将移液管内壁、小烧杯内壁和移液管下端的外壁同时润洗一遍。如此操作三次后,将移液管直接插入容量瓶中或将溶液倒入小烧杯中吸取都可以了。

用移液管润洗的工作也可按下面方法进行:用蒸馏水洗净后用吸水纸将移液管尖端内外的水除去,然后用待吸液洗三次。具体方法是:用吸水纸处理过的移液管直接插入容量瓶中,将待吸溶液吸至球部,立即用右手按住管口(尽量勿使溶液回流,以免稀释溶液)。每次用吸水纸除去管尖端内外液体,后面操作同前。

用移液管移取溶液时,右手拇指和中指拿住管颈标线的上部[见图 2-18(a)],将移液管垂直插入液面以下 1~2 cm,不要插入太深,以免外壁粘带溶液过多;也不要插入太浅,以免液面下降时吸空。随着液面的下降,移液管逐渐下移。左手拿洗耳球将溶液吸入管内至标线以上,拿去洗耳球,随即右手食指按住管口。将移液管离开液面,靠在器壁上,稍微放松右手食指,同时轻轻转动移液管,使液面缓慢下降,当液面与标线相切时,立即按紧食指使溶液不再流出。

放出溶液时,把移液管的尖嘴靠在接收容器内壁上,让接收容器倾斜而移液管直立。放开食指使溶液自由流出,如图 2-18(b)所示。待溶液不再流出时,等 15 s 后再取出移液管。最后尖嘴内余下的少量溶液,不必用力吹入接收器中,因原来标定移液管体积时,这点体积已不在其内(如移液管上有一个吹字,则一定要将尖嘴内余下的少量溶液吹入接收容器中)。这样从管中流出的溶液正好是管上标明的体积。

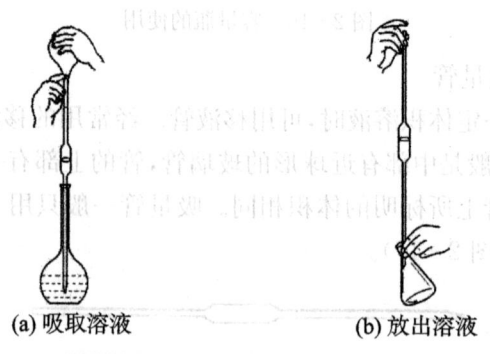

(a) 吸取溶液　　　　　　　　　　(b) 放出溶液

图 2-18　移液管和吸量管

(3) 滴定管

滴定管分酸式滴定管和碱式滴定管两种。除碱性溶液用碱式滴定管外,其他溶液一般都用酸式滴定管。

酸式滴定管下端有一个玻璃活塞,用以控制溶液的滴出速度。使用前先取出活塞用滤纸吸干,然后用手指黏少量凡士林油在塞子的两头涂一薄层(见图 2-19),将活塞塞好并转动,使活塞与塞槽接触地方呈透明状态。检查如不漏水,用橡皮圈将活塞与管身系牢即可洗涤使用。

图 2-19　玻璃活塞涂凡士林油

碱式滴定管的下端有胶管连接带有尖嘴的小玻璃管,胶管内装一个圆玻璃球,用以堵住溶液。使用时,左手拇指和食指捏住玻璃球部位稍上的地方,向一侧挤压胶管,使胶管和玻璃球间形成一条缝隙,溶液即可流出。

滴定管在使用前用洗液润洗后,用自来水润洗三次,再用蒸馏水洗涤三次。然后用少量(每次约 10 ml)滴定溶液洗三遍,以保证不影响滴定液的浓度。

将溶液加到滴定管刻度"0"以上,排出滴定管尖嘴气泡,将酸式滴定管稍倾斜,左手迅速打开活塞,使溶液冲击赶出气泡后,再使活塞开启变小,调至液面弯月面正好与"0.00"刻度线相切。如碱式滴定管应将胶管向上弯曲,用两指挤压玻璃球,使溶液从尖嘴喷出,气泡随之逸出(见图 2-20)。继续边挤压边放下胶管,气泡便可全部排除,然后再调至"0.00"刻线。

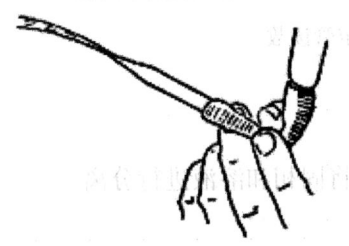
图 2-20 碱式滴定管赶气泡的方法

图 2-21 滴定操作手法

使用酸式滴定管滴定时,右手拇指、食指和中指拿住锥形瓶的颈部(如图 2-21 所示),使滴定管下端伸入瓶口内约 1~2 cm。左手拇指、食指和中指控制玻璃活塞,转动活塞使溶液滴出。右手持锥形瓶沿同一方向做圆周摇动,使溶液混合均匀。开始滴定时,液体滴出可快一些,但应成滴而不成流。溶液出现瞬间颜色变化,随着瓶子的摇动很快消失。当接近终点时,颜色变化消失较慢,这时应逐滴滴入溶液,摇匀后由溶液颜色变化再决定是否滴加溶液。最后控制液滴悬而不落,用锥形瓶内壁将溶液沾下(相当于半滴),用洗瓶冲洗锥形瓶内壁,摇匀,如颜色变化不再消失,即为终点。

读数不准确是产生误差的一个重要原因,读数时,要使视线与液面保持水平,滴定管每一大格为 1 ml,一小格为 0.1 ml,要读到小数点后第二位数。

装满或放出溶液后,必须等 1~2 min,使附着在内壁的溶液流下来,再进行读数。如果放出来溶液的速度较慢(例如,滴定到最后阶段,每次只加半滴溶液时),等 0.5~1 min 即可读数。读数前要检查一下管壁是否挂水珠,滴定管尖嘴是否有气泡。

对于无色或浅色溶液,应读取弯月面下缘最低点,读数时,视线在弯月面下缘最低点处,且与液面成水平[图 2-22(a)];对高锰酸钾等颜色较深的溶液,可读液面两侧的最高点,且视线应与该点成水平。注意初读数与终读数采用同一标准。

为了便于读数,可在滴定管后衬一黑白两色的读数卡,将读数卡衬在滴定管背后,使黑色部分在弯月面下约 1 mm,弯月面的反射层即全部成为黑色[图 2-22(b)]。读此黑色弯月面下缘的最低点。但对深色溶液而须读两侧最高点时,可以用白色卡片作为背景。

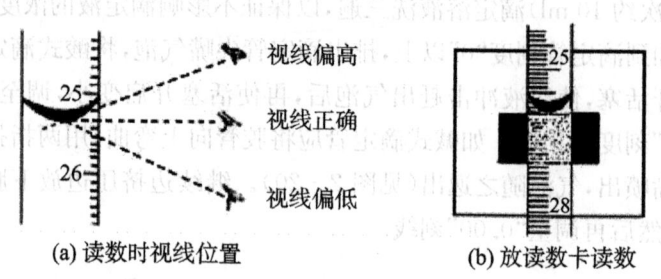

(a) 读数时视线位置　　　(b) 放读数卡读数

图 2-22　滴定管读数

五、固体与溶液的分离

经常采用倾析法、过滤法和离心分离法将固相和溶液进行分离。

1. 倾析法

当晶体或沉淀的颗粒较大,静止后能沉降至容器底部,上层清液可由倾析法除去。如果需要洗涤,可加入少量洗涤液或蒸馏水,搅拌后沉降倾析除去洗涤液。如此反复,即可洗净固体物质。

2. 过滤法

过滤是利用滤纸将溶液和固相分开。过滤后的溶液称为滤液。经常采用常压过滤、减压过滤(吸滤)和热过滤三种过滤方法。

(1) 常压过滤

根据漏斗角度大小(与 60°角相比),采用四折法折叠滤纸(如图 2-23)。先将滤纸对折,然后再对折,但不要折死。打开形成圆锥体后,放入漏斗中,试其与漏斗壁是否密合。如果滤纸与漏斗不十分密合,可稍稍改变滤纸折叠的角度,直到与漏斗密合为止。

为了使漏斗与滤纸之间贴紧而无气泡,可将三层厚的外层撕下一小块(此小块滤纸保留,用以擦洗烧杯)。用食指把滤纸按在漏斗的内壁上,用水润湿,赶尽滤纸与漏斗壁之间的气泡。

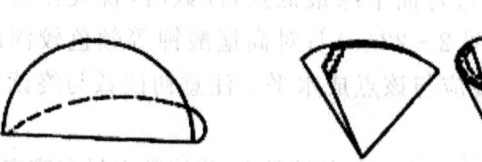　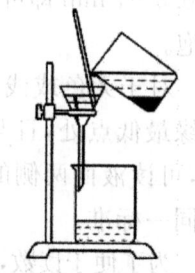

图 2-23　滤纸的折叠　　　图 2-24　常压过滤

用倾析法过滤(如图 2-24)。先把清液倾入漏斗中,让沉淀尽可能地留在烧杯内。这种过滤方法可以避免沉淀过早堵塞滤纸小孔而影响过滤速度。倾入溶液时,应让溶液沿着玻璃棒流入漏斗中,玻璃棒应直立,下端对着三层厚滤纸一边,并尽可能接近滤纸,但不要与滤纸接触。再用倾泻法洗涤沉淀3~4次。

(2) 减压过滤

减压过滤也称吸滤。以前常用玻璃制的水泵进行吸滤,但浪费自来水,因而现在很少用,现多采用循环水式真空泵。

过滤前先剪好滤纸,滤纸的大小按照比布氏漏斗内径略小而又能将漏斗的孔全盖上为宜。剪滤纸前不能把湿的漏斗在滤纸上扣一下来确定滤纸的大小,因湿滤纸很难剪好;一般不要将滤纸折叠,因折叠处在减压过滤时很容易透滤。

减压过滤操做见图2-25。把剪好的滤纸放入布氏漏斗内,用少量水润湿,开真空泵,使滤纸贴紧布氏漏斗。溶液的转移与常压过滤相同。过滤后先拔下吸滤瓶的胶管,再取下布氏漏斗,用玻璃棒撬起滤纸边,取下滤纸和沉淀。瓶内的滤液从瓶口倒出,而不能从侧口倒出,以免使滤液污染。

对于强酸性、强碱性及强腐蚀性溶液,可用尼龙布或熔砂玻璃漏斗过滤,但熔砂玻璃漏斗不适合过滤碱性太强的物质。

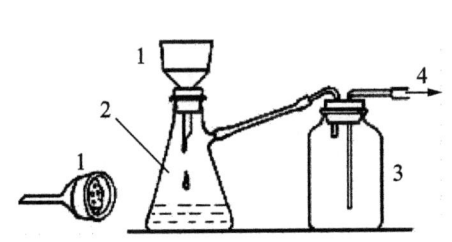

图2-25 减压过滤装置
1. 布氏漏斗;2. 吸滤瓶;3. 缓冲瓶;4. 接真空泵

图2-26 热过滤装置

(3) 热过滤

如果溶液中的溶质在冷却后易析出结晶,而实验要求溶质在过滤时保留在溶液中,要采用热过滤的方法。

若过滤能很快完成(时间短),过滤过程中溶液温度变化不大,则采用趁热过滤而不需使用热过滤装置。若过滤需时间较长,过滤过程中溶液温度变化较大,则要使用热过滤装置(见图2-26)。

3. 离心分离

溶液和沉淀都很少时,可采用离心分离。离心分离方法简单、方便,元素性质等试管实验中经常采用这种方法把沉淀和溶液分离。

将盛有沉淀和溶液的离心试管或小试管放入电动离心机的套管内,为保持平衡,几个试管要放在对称的位置,如果只有一个试样,可在对称位置放一支装有等量水的试管。盖好盖子,将转速放在最低挡位置,然后逐渐加速。受到离心作用,试管中的沉淀聚集在底部,实现固液分离。几分钟后,将离心机转速逐渐调小,最后完全停止，取出离心试管。

4. 结晶和重结晶

溶液经蒸发、浓缩成浓溶液后，冷却则析出晶体，冷却速度慢有利于长成大晶体。蒸发浓缩根据需要一般采用水浴加热或直接加热的方法，若溶质易被氧化或水解，最好采用水浴加热的方法。

如果晶体中含有其他杂质，可用重结晶的方法除去。先将晶体加入到一定量的水中，加热至完全溶解为饱和溶液，过滤除去不溶性杂质；滤液冷却后析出被提纯物的晶体，再次过滤，得到较纯的晶体，而可溶性杂质大部分在滤液中。根据被提纯物质的纯度要求，可进行多次重结晶操作。

第三章 基础实验

实验一 酸碱滴定

一、实验目的

1. 学习锥形瓶、移液管、滴定管等玻璃仪器正确使用方法。
2. 掌握酸碱滴定的原理和操作方法,测定 NaOH 和 HCl 溶液的浓度。

二、实验原理

滴定是常用的测定溶液浓度的方法。将标准溶液(即已知准确浓度的溶液)由滴定管加入到待测溶液中去(也可以反过来操作),直到它们相互反应达到等当点(滴定终点),这种操作叫滴定。酸碱滴定法常用的标准溶液是 HCl 溶液和 NaOH 溶液,由于浓盐酸易挥发,氢氧化钠易吸收空气中的水分和二氧化碳,故不能直接配制成准确浓度的溶液,一般先配制成近似浓度,再用基准物质标定。

所谓基准物质即是可用来直接配制标准溶液或校准未知溶液浓度的物质。它必须具备下列条件:

1) 组成与化学式精确符合(包括结晶水)。
2) 纯度要求在 99.9% 以上,而杂质含量少至可忽略不计。
3) 在一般条件下性质稳定,且在反应时不发生副反应。

本实验选用草酸($H_2C_2O_4 \cdot 2H_2O$)作基准物质,标定 NaOH 溶液的准确浓度,反应式如下:

$$H_2C_2O_4 + 2OH^- = C_2O_4^{2-} + 2H_2O$$

用酚酞作指示剂,反应达终点时,溶液呈弱碱性。由此计算出 NaOH 溶液的准确浓度。
再用盐酸溶液滴定氢氧化钠溶液,反应式如下:

$$H_3O^+ + OH^- = 2H_2O$$

用甲基橙作指示剂,反应达终点时,溶液呈弱酸性。由此可计算出 HCl 溶液的准确浓度。

三、仪器和药品

(1) 仪器 滴定管夹和滴定台一套;碱式滴定管(50 ml)1 支;酸式滴定管

(50 ml)1支;移液管(25 ml)1支;锥形瓶(250 ml)2个;小烧杯(100 ml)1个;洗耳球1个;洗瓶1个。

(2) 药品　基准 $H_2C_2O_4 \cdot 2H_2O$ 样品两份;浓度 NaOH 溶液(约 0.1 mol·L^{-1});HCl 溶液(约 0.1 mol·L^{-1});酚酞;甲基橙;滤纸。

四、实验内容

1. 基准 $H_2C_2O_4 \cdot 2H_2O$ 溶液的配制

用天平准确称取 3.0～3.3 g 草酸($H_2C_2O_4 \cdot 2H_2O$),盛在洁净小烧杯中,加入适量蒸馏水,用一洁净的玻棒搅拌溶解(注意勿使溶液溅出损失),待样品溶解后,借助玻棒小心地将小烧杯中的溶液转移到 250 ml 容量瓶中(容量瓶必须事先检查是否漏液),随后用洗瓶中蒸馏水沿烧杯内壁冲洗烧杯,再将烧杯内溶液转移到容量瓶中,如此反复三至四次(必须注意勿使溶液的总体积超过容量瓶的刻线)。最后借助洗瓶小心地向容量瓶加入蒸馏水,使容量瓶中的液面正好与刻线对准。塞紧瓶塞,摇匀瓶内溶液,备用。

根据 $H_2C_2O_4 \cdot 2H_2O$ 的重量及容量瓶的体积,计算草酸标准溶液的物质的量浓度(计算到 4 位有效数字)。

2. 氢氧化钠溶液浓度的标定

(1) 用移液管移取 25.00 ml 草酸标准溶液,注入锥形瓶内(注意:移液管需用草酸标准溶液润洗 2～3 次,而锥形瓶不能用草酸标准溶液洗涤,为什么?)。

(2) 在碱式滴定管内注入氢氧化钠溶液至零刻度以上(碱式滴定管要不要用待装的氢氧化钠溶液润洗 2～3 次?),赶走滴定管阀门下端的气泡,调节管内液面的位置恰好为 0.00,记下此时滴定管内液面位置的读数[V_1(NaOH)]。

(3) 将盛有草酸标准溶液的锥形瓶内加入酚酞指示剂 1～2 滴,然后用氢氧化钠溶液滴定。滴定时,左手控制滴定管阀门滴入氢氧化钠溶液,右手的拇指、食指和中指拿住锥形瓶颈,使瓶底离滴定台高 2～3 cm,滴定管下端伸入瓶口内约 1 cm。沿同一方向按圆周摇动锥形瓶,使溶液混合均匀。滴定开始时,滴速可以快一些,但必须成滴而不能成线状流出。随着滴定的进行,滴落点周围出现暂时性的颜色变化,但随着摇动锥形瓶,颜色变化很快。接近终点时,滴落点周围颜色变化较慢,这时就应逐滴加入,加一滴后把溶液摇匀,观察颜色变化情况,决定是否还要滴加溶液。最后应控制液滴悬而不落,用锥形瓶内壁把液滴靠下来(这时加入的是半滴溶液),用洗瓶吹洗锥形瓶内壁,摇匀。如此重复操作直至粉红色半分钟内不消失为止,即可认为到达终点,记下此时滴定管内液面位置的读数[V_2(NaOH)]。

平行滴定两次,若两次滴定所用氢氧化钠溶液的体积之差不超过 0.20 ml,即可取其平均值,计算氢氧化钠溶液的准确浓度。

3. 盐酸溶液浓度的标定

将 HCl 溶液注入酸式滴定管中,赶走尖端的气泡,调节管内溶液的弯月面的位置恰好为 0.00，记下此时滴定管内液面位置的读数 [$V_1(HCl)$]。将上面已标定的氢氧化钠溶液从滴定管内放出 20.00 ml 于一锥形瓶中，再加入 2 滴甲基橙溶液。

用 HCl 溶液滴定 NaOH 溶液，直至滴入 1 滴 HCl 溶液，使锥形瓶内溶液恰好由黄色变为橙色，记下此时滴定管内液面位置的读数 [$V_2(HCl)$]。

平行滴定两次，若两次滴定所用 HCl 溶液的体积之差不超过 0.20 ml，即可取其平均值，计算 HCl 溶液的准确浓度。

五、数据记录及数据处理（表 3-1）

表 3-1　实验数据记录及处理

$H_2C_2O_4 \cdot 2H_2O$ 重量(g)		草酸浓度 $(mol \cdot L^{-1})$	
草酸溶液体积(ml)	滴定消耗 NaOH 溶液体积(ml)	NaOH 体积平均值(ml)	NaOH 溶液的浓度 $(mol \cdot L^{-1})$
1			
2			
NaOH 溶液体积(ml)	滴定消耗 HCl 溶液的体积(ml)	HCl 体积平均值(ml)	HCl 溶液的浓度 $(mol \cdot L^{-1})$
1			
2			

六、实验思考题

1. 为什么滴定管与移液管要用所装入的溶液洗涤三次，而锥形瓶却不要？
2. 量取 25.0 ml 水需用什么仪器？量取 25.00 ml 水需用什么仪器？
3. 以下情况对实验结果是否有影响？为什么？
(1) 滴定完成后，发现滴定管的尖嘴内有气泡。
(2) 滴定过程中向锥形瓶中加入少量蒸馏水。

实验二　凝固点降低法测定摩尔质量

一、实验目的

1. 通过本实验加深对稀溶液依数性的理解。
2. 掌握溶液凝固点的测量技术。
3. 用凝固点降低法测定萘的摩尔质量。

二、基本原理

溶液的凝固点低于纯溶剂的凝固点。凝固点降低是稀溶液依数性的一种表现。溶液凝固点降低值取决于溶液所含溶质分子的数目。对于理想溶液,有:

$$\Delta T_f = \frac{R(T_f^*)^2}{\Delta_f H_m(A)} \times \frac{n_B}{n_A \times n_B}$$

式中,ΔT_f 为凝固点降低值,T_f^* 为纯溶剂的凝固点,$\Delta_f H_m(A)$ 为摩尔凝固热,n_A 和 n_B 分别为溶剂和溶质的物质的量。

当溶液浓度很稀时,$n_B < n_A$,则:

$$\Delta T_f = \frac{R(T_f^*)^2}{\Delta_f H_m(A)} \times \frac{n_B}{n_A} = \frac{R(T_f^*)^2}{\Delta_f H_m(A)} \times M_A m_B = K_f m_B$$

式中,M_A 为溶剂的摩尔质量,m_B 为溶质的质量摩尔浓度,K_f 为质量摩尔凝固点降低系数。

溶质的摩尔质量为:

$$M_A = 1\,000 \cdot (K_f/\Delta T_f) \cdot (W_A/W_B)$$

式中,W_A、W_B 分别为溶剂和溶质的质量。

纯溶剂的凝固点是其液-固共存的平衡温度。将纯溶剂逐步冷却时,在未凝固之前温度将随时间均匀下降,开始凝固后由于放出凝固热而补偿了热损失,体系将保持液-固两相共存的平衡温度不变,直到全部凝固,再继续均匀下降(见图 3-1a)。但在实际过程中经常发生过冷现象,其冷却曲线(如图 3-1b)所示。对溶液来说除温度外,尚有溶液的浓度问题。与凝固点相应的溶液浓度,应该是平衡浓度,当有溶剂凝固析出时,剩下溶液的浓度逐渐增大,因而溶液的凝固点也逐渐下降(见图 3-1c),考虑到溶剂较多,通过控制过冷程度,使析出的晶体很少,就可以以过冷回升的温度作凝固点,用起始浓度代替平衡浓度,一般不会产生大的误差。(见图 3-1d)。如果过冷太甚,凝固的溶剂过多,溶液的浓度变化过大,则出现图 3-1e 的情况,这样就会使凝固点的测定结果偏低,但可采用外推法进行校正,如图 3-1f。

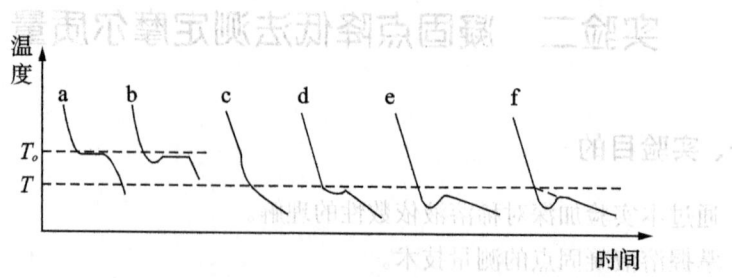

图 3-1　步冷曲线图

三、仪器和药品

(1) 仪器　凝固点测定装置和数显贝克曼温度计各 1 套；放大镜 1 个。
(2) 药品　萘(AR)；环己烷(AR)；碎冰。

四、实验内容

1. 将凝固点管清洗干净，并干燥备用。
2. 按图 3-2 安装凝固点测定装置。用冰水作为冷却剂。首先使冷却剂的温度为 3.5℃左右(环己烷的凝固点为 6.54℃，即使冷却剂的温度比环己烷的凝固点低 3℃左右)，不要太低，以防出现过冷现象。

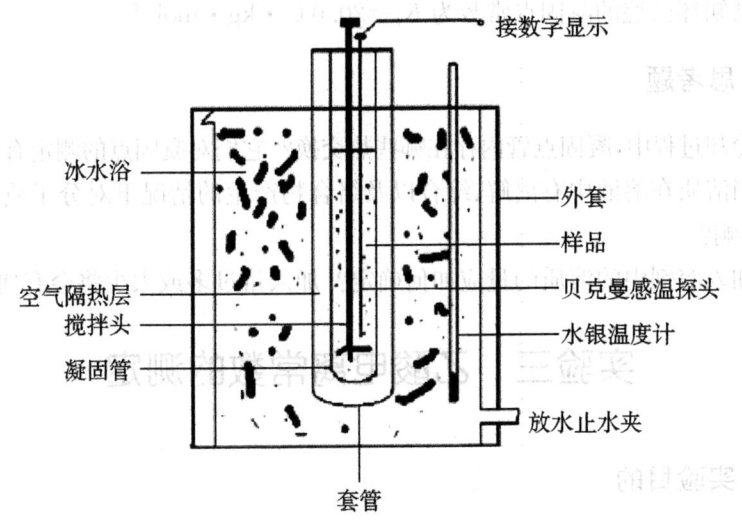

图 3-2　凝固点测定装置图

3. 用移液管精确吸取 25 ml 环己烷，加入凝固点管中。
4. 将盛有环己烷的凝固点管直接插入冷却剂中，用贝克曼温度计轻轻搅动，当有固体出现时，取出，并将管外冰水擦干后插入空气套管中，然后安装好，开启搅拌，观察贝克曼温度计的读数，直至温度稳定即为环己烷的近似凝固点。
5. 取出凝固点管，用手温热，使管中的固体完全熔化。将凝固点管直接插入冷却剂中使溶剂较快地冷却。当溶剂温度降至高于近似凝固点温度 0.5℃时迅速取出凝固点管，擦干后插入空气套管中安装。在温度高于近似凝固点温度 0.5℃时开始每隔 30 s 记录一次温度值，作步冷曲线。
6. 从步冷曲线中找到环己烷的凝固点温度。
7. 在凝固点管中加入精确称量的萘(所加的量约使溶剂的凝固点降低 0.5℃左右，即 0.062 g)，使之溶解。重复 4～6 次，作步冷曲线，找到溶液的凝固点温度。

注意事项：

1) 要作出一条完整的步冷曲线,在记录温度随时间的变化时,一定要记到出现温度平台以后 5 min 左右。

2) 随时观察冷却剂的温度,并适时补充碎冰。

五、数据处理

1. 用 $\rho_t = 0.797\,1 - 0.887\,9 \times 10^{-3} t$($t$ 为温度,单位为 ℃)计算室温 t 时环己烷的密度,然后算出所取的环己烷的质量 m_A。

2. 根据实验数据作纯溶剂和溶液的步冷曲线,并由图中分别读取溶剂和溶液的凝固点温度和 T_f,计算出凝固点降低值,并根据上述公式计算萘的摩尔质量,判断萘在环己烷中的存在形式。

3. 已知环己烷的凝固点常数为 $K_f = 20.0\,℃ \cdot kg \cdot mol^{-1}$。

六、思考题

1. 冷却过程中,凝固点管内存在哪些热交换?它们对凝固点的测定有何影响?

2. 当溶质在溶液中有离解、缔合以及络合物产生的情况下对分子质量的测定值有何影响?

3. 加入溶剂中的溶质的量应如何确定?加入量过多或太少将会有何影响?

实验三　乙酸电离常数的测定

一、实验目的

1. 学会用 pH 计(酸度计)测定乙酸电离常数的方法。
2. 加深对弱电解质电离平衡的理解。
3. 学习 pH 计的使用方法。
4. 练习滴定的基本操作。

二、实验原理

醋酸是弱电解质,在水溶液中存在以下电离平衡。

$$HAc \rightleftharpoons H^+ + Ac^-$$

起始浓度($mol \cdot L^{-1}$)　　　　c　　　0　　　0

平衡浓度($mol \cdot L^{-1}$)　　　$c-c\alpha$　　$c\alpha$　　$c\alpha$

代入平衡式得

$$K_a = [H^+][Ac^-]/[HAc] = [c\alpha]^2/(c-c\alpha) = c\alpha^2/(1-\alpha)$$

当 α 小于 5% 时,$c-c\alpha \approx c$,所以 $K_a \approx [H^+]^2/[HAc]$

式中,K_a 表示弱酸的电离常数;c 表示弱酸的起始浓度;α 表示弱酸的电离度。

在一定温度下,用 pH 计测定一系列已知浓度的 HAc 的 pH,按 $pH = -\lg[H^+]$ 换算为 $[H^+]$,根据 $[H^+] = c\alpha$ 即可求得醋酸的电离度 α 和 $c\alpha^2/(1-\alpha)$ 值。在一定温度下,$c\alpha^2/(1-\alpha)$ 值近似地为一常数,所取得的一系列 $c\alpha^2/(1-\alpha)$ 的平均值,即为该温度时醋酸的电离常数 K_a。

三、仪器和药品

(1) 仪器 pH 计;量液管(10 ml、5 ml)各 1 支;移液管(50 ml)1 支;烧杯(50 ml)4 只;容量瓶(100 ml)3 只;锥形瓶(250 ml)2 只;洗瓶;铁架;滴定管夹;小滴管;洗耳球。

(2) 药品 NaOH 标准溶液;HAc 溶液(约 0.2 mol·L^{-1},准确至三位有效数字);酚酞;标准缓冲溶液(pH=6.86、pH=4.00)。

四、实验内容

1. 用 NaOH 标准溶液标定 0.2 mol·L^{-1} HAc 溶液

用移液管吸取两份 25 ml、0.2 mol·L^{-1} HAc 溶液,分别置于两只 250 ml 的锥形瓶中,各加入 2 滴酚酞指示剂。分别用标准 NaOH 溶液滴定至溶液呈微红色,半分钟内不褪色为止。记下所用 NaOH 溶液的毫升数。计算 HAc 溶液的浓度,准确至有效数字三位。这一步实验视实际时间而定,若时间紧实验室准备好已知浓度的醋酸溶液。

2. 配制不同浓度的 HAc 溶液

用移液管分别取 5.00 ml、10.00 ml、50.00 ml 已测得准确浓度的 HAc 溶液,分别加入 3 只 100 ml 容量瓶中,用去离子水稀释至刻度,摇匀,并计算出三个容量瓶中 HAc 溶液的准确浓度。将溶液从稀到浓排序编号为:1、2、3,原溶液为 4 号。

3. 测定 HAc 溶液的 pH

把以上四种不同浓度的 HAc 溶液分别加入四只洁净干燥的 50 ml 烧杯中,按由稀到浓的顺序在 pH 计上分别测定它们的 pH。

五、数据记录及数据处理(见表 3-2)

表 3-2 实验数据记录及处理

烧杯编号	c(mol·L^{-1})	pH	$[H^+]$(mol·L^{-1})	电离常数 K	
				测定值	平均值
1	1/20 c_{HAc}				
2	1/10 c_{HAc}				
3	1/2 c_{HAc}				
4	c_{HAc}				

25℃醋酸 K_a 的文献值为 1.76×10^{-5}

六、思考题

1. 若所用 HAc 溶液的浓度极稀，是否还能用近似公式 $K_a = [H^+]^2/[HAc]$ 来计算 K_a？为什么？
2. 改变所测 HAc 溶液的浓度或温度，则它的电离常数有无变化？
3. 烧杯是否必须烘干？还可以做怎样的处理？

实验四 电 镀 锌

一、实验目的

1. 了解电镀的一般原理。
2. 了解电镀的工艺过程。

二、实验原理

电镀在工业上有着广泛的应用，一是防腐，二是装饰。它是电解原理的实际应用之一。即把镀层金属作阳极、被镀零件作阴极置于适当的电解液中。阳极与直流电源正极相连、阴极与直流电源负极相连。在阳极上进行氧化反应、在阴极上进行还原反应。控制电流密度，在阴极上可得到所需金属镀层。

对金属镀层一般要求：

1) 与基本金属结合牢固，附着力好。
2) 镀层完整，结晶细致紧密，孔隙率小。
3) 镀层具有良好的物理、化学及机械性能。
4) 具有符合标准规定的厚度，而且均匀。

电镀过程实质上是金属电结晶过程，其过程可设想为：水化离子扩散迁移——水化膜变形——去水化膜成金属离子——迁移到阴极活性部分——离子得电子成金属原子，在基体金属表面形成金属晶体。

形成金属晶体的过程，又可分为晶核的形成和成长两个过程，这两个过程速度快慢决定着金属结晶的粗细程度。如果晶核形成速度较快，而晶核成长较慢，则生成的晶核数目多，晶粒较细。反之，晶粒就较粗。因此，电镀过程中必须控制晶核形成速度大于晶核成长速度，以便获得结晶细致，排列紧密的镀层。

结晶较细的镀层防护性能和外观质量都较理想。实践表明，提高金属电结晶时的阴极极化作用，可提高晶核的形成速度，获得结晶细致的镀层。但不是极化越大越好，因为极化过大，氢气析出多，质量反而下降。

影响镀层粗细的主要因素（以电镀锌为例）：

(1) 电镀液的影响

1) 主盐特性　镀层金属的盐为主盐。若主盐是简单盐(如 $ZnSO_4$)，阴极极化作用小，结晶较粗。主盐是络盐，由于络离子在溶液中的离解能力较小，使金属离子在阴极上还原过程变得困难，从而提高了阴极极化作用，有利于晶核的形成，所以镀层细软。

2) 主盐浓度　其他条件不变的情况下，浓度增大，阴极极化下降，镀层结晶较粗。

3) 附加盐　附加盐作用是提高溶液导电性。提高阴极极化作用，使镀层紧密细致。$ZnSO_4$ 溶液中加 Na_2SO_4、$Al_2(SO_4)_3$ 即是此目的。$Al_2(SO_4)_3$ 还有调节溶液 pH 的作用。

4) 添加剂　为改善电镀液性能和镀层质量，往往在电解液中加入少量有机物质，如阿拉伯树胶、糊精、聚乙二醇等。添加剂能吸附在阴极表面或与金属离子构成"胶体-金属离子型"络合物，从而大大提高金属离子在阴极还原时的极化作用，使镀层细致、均匀、平整、光滑。

(2) 工艺因素的影响

1) 阴极电流密度　阴极电流密度对镀层质量影响较大。一般说，当阴极电流密度过低时，阴极极化作用小，镀层较粗。电流密度增大，极化作用增大，镀层变得细致紧密。但阴极上电流密度不能过大，超过一定限度，由于阴极附近缺乏金属离子，在阴极板尖端或凸出的地方会产生海绵状金属镀层。

2) 电镀液温度　在其他条件相同情况下，升高溶液温度，通常会加快离子扩散速度和阴极反应速度，降低极化作用，因此使镀层变粗。但不能认为升高温度就是不利的，升温可提高阴极电流密度上限，极化增大，弥补升温极化降低之缺点，从而提高生产率。一般来说，一定的电镀液，在一定电流密度下，有一定的温度范围，太高太低都不好。

3) 搅拌减小浓差极化　有利提高阴极电流密度上限，所以对提高生产率有利。

为了提高镀锌层的抗腐蚀能力，在铬酸、铬酸盐或重铬酸盐溶液中进行钝化处理，使镀层表面形成一层化学稳定性较高的铬酸盐膜，这层膜是由三价和六价的碱式铬酸盐及其水化物组成。其中三价铬呈绿色，六价铬呈橙黄色，由于各种颜色的折光率不同，因此这层钝化膜呈彩虹色。钝化后不但提高镀层抗腐蚀能力，而且还使表面光泽美观。

综上所述，镀锌工艺条件如表 3-3 所示。

表 3-3　镀锌工艺条件

项　目	数　值
温度	室温
电流密度	$0.01 \sim 0.025$ A·cm^{-2}
pH	$3.5 \sim 4.5$
阴阳极面积比	3∶1
时间	30 min

三、仪器和药品

(1) 仪器 直流稳压器;电炉;大烧杯(公用);烧杯(250 ml)6只;导线3根;石棉铁丝网;温度计(200℃);竹夹;铜丝;量筒(50 ml、10 ml)各1只;烘箱(公用)。

(2) 药品和材料 去油液;去锈液;弱腐蚀液;电镀液;出光液;钝化液;锌片二块;铁片一块;砂纸;精密pH试纸(5～7)。

四、实验内容

1. 溶液配制

根据镀件大小和容器大小,按表3-4中配比,配制适量的去油液、去锈液、弱腐蚀液、电镀液、出光液、钝化液。

表3-4 电镀锌各溶液配方

配方	名称	含量	温度	时间
去油液	NaOH Na_3PO_4 Na_2SiO_3	$60\sim80$ g·L^{-1} $30\sim50$ g·L^{-1} $5\sim10$ g·L^{-1}	90℃左右	5 min
去锈液	HCl H_2O	2份 1份	室温	去净为止
弱腐蚀液	HCl	5%	室温	5 s
电镀液	$ZnSO_4$ $Al_2(SO_4)_3$ Na_2SO_4 阿拉伯树胶	200 g·L^{-1} 30 g·L^{-1} 30 g·L^{-1} 5 g·L^{-1}	室温	30 min
出光液	HNO_3	5%	室温	2 s
钝化液	CrO_3 H_2SO_4 HNO_3	$200\sim250$ g·L^{-1} $15\sim20$ ml·L^{-1} $25\sim30$ ml·L^{-1}	40℃以下	3 s 空气中停留5 s

2. 工艺操作

接好路线,计算镀件面积和所需电流大小──→系上铜丝──→浸入去油液中去油──→热水洗──→冷水洗──→浸入去锈液中去锈至镀件表面无锈斑止──→冷水冲洗──→浸入弱腐蚀液中进行弱腐蚀──→冷水冲洗──→立即挂上阴极──→调节电流至所需值,镀30 min(见图3-3)──→关上电源开关,取出镀件──→冷水冲洗──→浸入出光液中出光──→立即用冷水冲洗──→浸入钝化液中钝化──→冷水冲洗──→热水浸洗(50℃以下,半分钟)──→烘箱中烘干(80℃以下)。

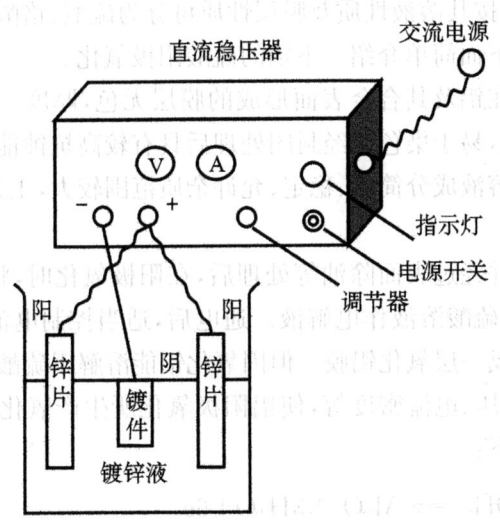

图 3-3 电镀锌装置示意图

五、思考题

1. 电镀液各种成分的作用是什么？
2. 电镀时所需电流大小如何计算解决？
3. 电镀时两极反应是什么？写出反应式。
4. 电镀前为何还要进行弱腐蚀？电镀后为何要出光和钝化？

实验五　铝的阳极氧化处理

一、实验目的

1. 了解阳极氧化的原理和特性。
2. 了解阳极氧化的工艺过程。

二、实验原理

铝在空气中形成的天然氧化膜很薄（$4\times10^{-5}\sim5\times10^{-3}\ \mu m$），不可能有效地防止其遭受腐蚀。用电化学方法在铝或铝合金表面生成较厚的致密氧化膜，表面膜厚度可达几十至几百微米，使铝的耐腐蚀性大大提高。且氧化膜具有很高的电绝缘性和耐磨性，还可用有机染料染成各种颜色。所以，在许多工程技术中得到广泛的应用，可制得各种不同要求的防护和装饰制品等。

把金属放到适当的电解液中，在特定的工作条件下和外加直流电流的作用下，作为阳极的金属氧化而得到厚度达 $3\sim250\ \mu m$ 的氧化膜，这一过程称阳极氧化。

以铝及铝合金为例，按其溶液性质及膜层性质可分为硫酸、铬酸、草酸、硬质及瓷质阳极氧化五大类。下面简单介绍一下铝的硫酸阳极氧化。

硫酸阳极氧化在铝及其合金表面形成的膜层无色，厚度一般为 5～20 μm，硬度较高，吸附能力强，易于染色。经封闭处理后具有较高抗蚀能力。主要用作防护和装饰。该法具有溶液成分简单、稳定、允许杂质范围较大，工艺简单，操作方便等优点。

铝及铝合金零件经过表面除油等处理后，在阳极氧化时，将铅板作为阴极，铝制件作为阳极，用稀硫酸溶液作电解液。通电后，适当控制电流和电压条件，阳极的铝制件上就能生成一层氧化铝膜。但因氧化铝能溶解于硫酸溶液，所以电解时，要控制硫酸含量、电压、电流密度等，使铝阳极氧化所生产氧化铝的速度比硫酸溶解速度快。反应如下：

阳极：$2Al + 6OH^- =\!=\!= Al_2O_3 + 3H_2O + 6e$

$4OH^- =\!=\!= 2H_2O + O_2 \uparrow + 4e$

阴极：$2H^+ + 2e =\!=\!= H_2 \uparrow$

阳极氧化所得氧化膜与金属结合得非常牢固，因而大大提高其耐蚀性能。同时，这层膜富有多孔性，具有很好的吸附能力，能吸附各种染料，染上各种鲜艳的色彩。染色后，为防污染，提高性能，要浸入沸水中热封闭，使无水三氧化铝发生水化作用。由于氧化膜表面和孔壁的三氧化铝水化的结果，使氧化物体积增大，将孔壁封闭。

溶液浓度和条件对工艺的影响：

(1) 硫酸浓度

氧化膜的成长过程取决于膜的溶解和生长速度的比率。通常随着溶液浓度的增高，氧化膜溶解速度也增大。氧化开始时，其氧化膜的成长速度，浓溶液要比稀溶液大。但随着时间的延长，浓溶液中成长速度反而比稀溶液中成长速度小。因此，必须根据氧化膜的要求来选择溶液的浓度。如浓度高的溶液在氧化起始阶段，膜的成长速度较大，空隙率高，容易染色。但膜的硬度，耐磨性等较差。而在稀的溶液中所获得的氧化膜坚硬耐磨，反光性好。但孔隙率低，只适于染成各种浅的淡色。生产实践证明，要获得吸附能力强而富有弹性的氧化膜，硫酸的浓度应为 18%～20% 为宜。若要求一定耐磨性的装饰性氧化膜，则选用硫酸浓度为 16%～17%。

(2) 温度

溶液温度高，氧化膜的溶解速度加大，生长速度减小。生长的膜薄而疏松有粉末。溶液温度过低，氧化膜发脆易裂。一般在 18～22℃ 时所获得的氧化膜多孔。吸附性能好，富有弹性，抗蚀能力较好，但耐磨性能较差。

在装饰性氧化工艺中，温度控制在 0～3℃。对于易变形零件，温度控制在 8～

10℃氧化。

(3) 阳极电流密度

在一定限度内,提高阳极电流密度,可加大膜的生长速度。但当达到一定的极限以后,氧化膜的生长趋于停止。同时阳极电流密度过高会使零件表面过热和局部温度升高,加速了氧化膜的溶解,易烧焦零件。因此在 20% 左右的硫酸溶液中常使用的阳极电流密度为 $0.8 \sim 1.5 \, A \cdot dm^{-2}$,在装饰性氧化中为 $0.4 \sim 0.6 \, A \cdot dm^{-2}$。

氧化膜性质随电流密度不同而有所区别。一般来说,随电流密度增加,氧化膜孔隙多,易于染色,其硬度和耐磨性也提高。

控制电流密度可通过控制电压来实现。

(4) 时间

氧化时间必须根据溶液的浓度、温度、阳极电流密度以及所需膜的厚度等要求进行选择。在开始氧化一小时内氧化膜成长速度几乎是直线上升。但随着时间的延长,成长速度逐渐减小,膜的厚度不再明显地增加,外层膜的溶解作用却增强,使膜的孔隙率增多,吸附性能提高,表面硬度降低。因此,为了获得具有一定厚度和硬度的氧化膜,往往采用 30~40 min。而要得到多孔便于染色的氧化膜,常采用 60 min 左右。

(5) 合金成分

铝合金中合金元素的存在,一般均使膜层质量降低,如抗蚀能力降低等。

(6) 杂质

当溶液中 Al^{3+}、Cu^{2+}、Fe^{3+} 含量高时,主要会影响氧化膜的色泽、透明度和抗蚀性,如出现暗色条纹和黑色斑点;氯离子多时,膜层会产生黑色腐蚀斑点。

在保证溶液能正常工作的情况下,一般允许各种杂质的最大含量为:Al^{3+} 为 $15 \sim 25 \, g \cdot L^{-1}$;$Cu^{2+}$ 为 $0.02 \, g \cdot L^{-1}$;Cl^- 为 $0.2 \, g \cdot L^{-1}$、Fe^{3+} 为 $2 \, g \cdot L^{-1}$;Mg^{2+} 为微量。

(7) 草酸添加剂

草酸在硫酸溶液中可以降低膜层溶解度,使膜层紧密细致。

综上所述,铝的阳极氧化处理工艺条件如表 3-5 所示。

表 3-5 铝的阳极氧化处理工艺条件

项目	数值
温度	室温
电流密度	$0.01 \, A \cdot cm^{-2}$
时间	30 min

三、仪器和药品

(1) 仪器 直流稳压器;酒精灯;铁架台和铁圈;石棉网;烧杯(250 ml)6 只;量

筒(50 ml、10 ml)各1只,台秤;镊子;竹夹;温度计(100℃);导线;铜棒;塑料隔板;万用电表;滴瓶。

(2) 药品和材料　铝板(7 cm×4 cm)2块;铅板(7 cm×4 cm)2块;铝丝(粗);铜丝;塑料套管;火柴;去污粉;回纱;茜素红;茜素蓝;HNO_3;H_2SO_4;Na_2CO_3;Na_3PO_4;Na_2SiO_3;Na_2SO_4;$K_2Cr_2O_7$;浓盐酸。

四、实验内容

1. 溶液配制

按照表3-6中的比例配制适量的去油液,出光液,电解液,着色液,腐蚀液。

表3-6　铝的阳极氧化处理各种溶液配方

试 剂	名 称	含 量	温 度	时 间
去油液	NaOH Na_3PO_4 Na_2SiO_3	25 g·L^{-1} 30 g·L^{-1} 25 g·L^{-1}	90℃左右	2 min
出光液	HNO_3	6 mol·L^{-1}	室温	1 s
电解液	H_2SO_4 Na_2SO_4	2 mol·L^{-1} 1 g·L^{-1}	室温	30 min
有机着色液	茜素红	0.5%	60～80℃	30 min
	茜素蓝	0.5%		
腐蚀液	$K_2Cr_2O_7$ 浓 HCl 水	30 g 250 ml 750 ml		

2. 工艺程序

(1) 接好线路。

(2) 去油清洗。用铝丝将铝片钩住——→浸入去油液中去油——→用热水漂洗——→冷水冲洗——→浸入出光液出光——→冷水冲洗。

(3) 氧化。浸入电解液中进行电解氧化30 min左右(见图3-4)——→取出用冷水冲洗干净。

(4) 着色封闭。浸入有机着色液——→冷水冲洗(若染色不浓时可重复浸入)——→放入90～100℃去离子水中进行封闭处理15 min以上。

注意事项:

1) 氧化和着色之间不应该间隔30 min,间隔期间应放在冷水中保护。(为什么?)

2) 在进行氧化、着色和封闭处理之前,铝片不得用手接触。(为什么?)

3. 质量检查

1) 绝缘性检验　用万用电表测其电阻氧化前后之变化(绝缘性变化)。

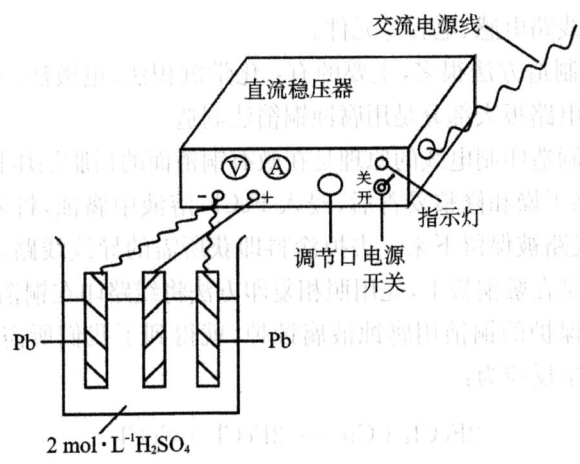

图 3-4 铝的阳极氧化处理装置示意图

2) 耐腐蚀性试验 在阳极氧化膜和未经阳极氧化的部位各滴一滴腐蚀液,观察反应情况。比较两部位产生气泡和液滴变绿的时间快慢。写出反应式。

五、思考题

1. 铝件放入去油液中去油时间不宜过长仅 2 min,若时间长有何不利?
2. 铝件去油后为什么要经过出光处理?
3. 铝件为何要带电放入电解液?
4. 为何氧化和着色之间不应间隔时间过长,且要放在冷水中保护?
5. 氧化电解液中为何加少量 Na_2SO_4?
6. 用什么方法检验阳极氧化后氧化膜的绝缘性和耐腐蚀性?

实验六 印刷电路板的制作

现代计算机、无线电、自动控制等电子技术的迅速发展,促使电子器件和生产工艺不断更新。过去的一些老工艺已不能满足需要。20 世纪初开始出现的印刷电路代替了费事、混乱、复杂的接线工艺。现在,印刷电路已成为电子技术中一种普通的工艺过程。人们开始研制更微妙更精密的分子级电路工艺。

一、实验目的

1. 了解腐蚀铜箔法制造印刷导线的原理。
2. 学会用腐蚀铜箔法制造印制导线的工艺过程。

二、实验原理

印制电路包括印制导线和印制元件。它是在绝缘底板上,形成金属或半导体片条纹状的导电线路电感、电容等元件。

印制电路的制造方法很多,主要的有:化学沉积法、电镀法、光化学法和腐蚀铜箔法等。印制电路板大部分是用腐蚀铜箔法制造。

腐蚀铜箔法制造印制电线的原理是在敷有铜箔面的树脂层压板上用涂料描绘出欲制线路,线路干燥和修整妥善后,浸入 $FeCl_3$ 溶液中腐蚀,将未被涂料覆盖的铜箔腐蚀掉,而线路被保留下来。去掉涂料即获所需的导线线路。而现代的印制电路的制造工艺是在敷铜板上,先用照相复印方法将线路印在铜箔上,然后将图形以外不受感光胶保护的铜箔用腐蚀液腐蚀掉,就得到了我们所需要的线路图形。其腐蚀过程的化学反应为:

$$2FeCl_3 + Cu = 2FeCl_2 + CuCl_2$$

为了提高导线的导电性,在空气中的稳定性,焊接性能以及增加美观等目的,有必要进行镀银处理。化学浸镀银法是其中的一种,其原理是:

$$Cu + 2Ag^+ = Cu^{2+} + 2Ag$$

析出的银附在铜层表面。如果用 $AgNO_3$ 直接与 Cu 反应置换出来的银粒太大,镀层粗糙,外观显灰黑色,附着力差,易脱落。为了改善银层质量,可在 $AgNO_3$ 溶液中加入络合剂,生产稳定的银络离子,银络离子越稳定越好。如银氰络离子最稳定,但由于氰根的毒性很大,操作不安全,而且会造成环境污染。现用 $Na_2S_2O_3$ 作络合剂,其反应为:

$$Ag^+ + 2S_2O_3^{2-} = [Ag(S_2O_3)_2]^{3-}, k_{稳} \approx 1.0 \times 10^{-13}$$

生成了 $[Ag(S_2O_3)_2]^{3-}$ 络离子后,溶液中仅存在少量的游离的 Ag^+ 可与 Cu 起置换反应,当反应消耗微量 Ag^+ 后,络合平衡向左移动,离解出微量 Ag^+ 来补充。故控制了银的析出速度,使银排列整齐,附着力强,镀层光亮,紧密而又实用。

由于 $S_2O_3^{2-}$ 溶液在空气中不稳定,易发生氧化反应,若在此溶液中加入 Na_2SO_3,可以增加溶液的稳定性。

三、仪器和药品

(1) 仪器 电炉(公用);烧杯(2只);烘箱(公用);竹夹子;毛笔;小刀;玻璃棒;坩埚。

(2) 药品和材料 带铜箔环氧树脂压板;回纱;苯;甲苯;油漆;去污粉;砂纸;复写纸;$FeCl_3$ 溶液;HCl(2 mol·L^{-1}),$AgNO_3$;$Na_2S_2O_3$;Na_2SO_3;二甲苯;聚苯乙烯;油溶性红。

四、实验内容

1. 溶液配制

按照表 3-7 中的比例配制适量的涂料、腐蚀液、化学浸镀液。

表 3-7　印制导线各种溶液配方

试　剂	名　称	含　量	温　度	时　间
涂料	聚苯乙烯 甲苯 二甲苯 油溶性红	1 g 3 ml 1 ml 微量		
腐蚀液	$FeCl_3$ HCl	500 g·L^{-1} 少量	30～35℃	
化学浸镀液*	A　$Na_2S_2O_3·5H_2O$ 　　Na_2SO_3	250 g·L^{-1} 140 g·L^{-1}	室温	每次 10 s
	B　$AgNO_3$	0.5%		
	混合　体积比 A∶B	1∶1		

＊配制化学浸镀液时,先分别配制 $Na_2S_2O_3·5H_2O$ 溶液,然后在搅拌情况下加入 Na_2SO_3 得到 A 溶液,接着把 B 溶液加入到 A 溶液中。

2. 表面处理及复制线路图

用去污粉擦洗层压板上的铜箔面──→用水洗净并擦干──→把欲制造的线路复制在层压板的铜箔面上或用涂料在铜箔上描绘线路(力求画得均匀,整齐)──→当描上的线路经烘箱烘干后用小刀修整线路。

3. 浸蚀工艺

将层压板的铜箔面朝下或直立,浸入三氯化铁腐蚀液中进行腐蚀,并不断地搅动腐蚀液,直至未覆盖涂料的铜箔完全被腐蚀掉为止,取出用水冲洗直至板上没有残余 $FeCl_3$ 为止,再用热水冲洗一次,放入烘箱中烘干(温度在 60℃以下)或者晾干。

4. 浸镀工艺

用苯将涂料揩去,用去污粉擦洗铜线并用冷水冲洗干净,浸入化学浸镀液中 10 s,取出用冷水冲洗,重复操作浸镀三次后用冷水冲洗干净,最后用热水浸洗一次,放入烘箱中烘干(温度在 60℃左右)或者晾干检查评分。

注意事项

1) $FeCl_3$ 溶液有腐蚀性,操作时不要用手直接接触溶液,应用夹具取放层压板。

2) 化学浸镀前,不可用手直接接触铜铝线,以免沾污,影响浸镀层的结合力。

3) 汽油、苯易燃,应远离明火使用。

5. 质量检查

检查线路是否匀齐,镀层颜色及是否有光泽。

五、思考题

1. 腐蚀液腐蚀铜的原理是什么？用 $FeCl_2$ 是否可腐蚀铜？
2. 腐蚀液配方中加少量 HCl 的作用是什么？不加是否可以？
3. 浸入腐蚀液的铜箔树脂板为什么须使铜箔面向下或直立？而且为什么不断搅拌腐蚀液？
4. 化学浸镀银的原理是什么？在 $AgNO_3$ 溶液中加 Na_2SO_3 的目的是什么？为什么要加 Na_2SO_3？
5. 浸蚀和浸镀之前用去污粉擦洗的目的是什么？

实验七　化学反应热效应的测定

一、实验目的

1. 学会化学反应热的简单测定方法。
2. 练习温度计的准确读数。

二、实验原理

在化学反应中，体系吸收或放出的热量称为反应热。本实验测定锌粉和硫酸铜溶液反应的反应热。其热化学方程式为：

$$Zn + CuSO_4 = ZnSO_4 + Cu + 216.8 \text{ kJ}$$

或写成　　$Zn + CuSO_4 = ZnSO_4 + Cu$　　$\Delta H = -216.8 \text{ kJ} \cdot \text{mol}^{-1}$

这个反应是放热反应，每摩尔锌置换硫酸铜溶液中的铜离子时所释放的热量，就是该反应的反应热，由溶液的比热和反应过程中溶液的温升值（ΔT）即可求得上述反应的反应热。以下面公式计算：

$$\Delta H = \frac{\Delta T c V \rho}{n \times 1\,000} \quad (\text{kJ} \cdot \text{mol}^{-1})$$

式中：ΔH 为反应热，$\text{kJ} \cdot \text{mol}^{-1}$；$\Delta T$ 为溶液的温升，K；c 为溶液的比热容，$\text{J} \cdot \text{g}^{-1} \cdot \text{K}^{-1}$；$V$ 为 $CuSO_4$ 溶液的体积，ml；ρ 溶液的密度，$\text{g} \cdot \text{cm}^{-3}$；$n$ 为 V(ml)溶液中 $CuSO_4$ 的物质的量。

三、仪器和药品

(1) 仪器　反应热测定装置
(2) 药品　锌粉(s)、$CuSO_4$(0.2 $\text{mol} \cdot \text{L}^{-1}$)。

四、实验内容

1. 用台秤称取 3.0 g 锌粉。
2. 用 50 ml 移液管准确量取 0.2 mol·L^{-1}CuSO$_4$溶液 50 ml,放入保温杯中,盖好盖子(见图 3-5)。

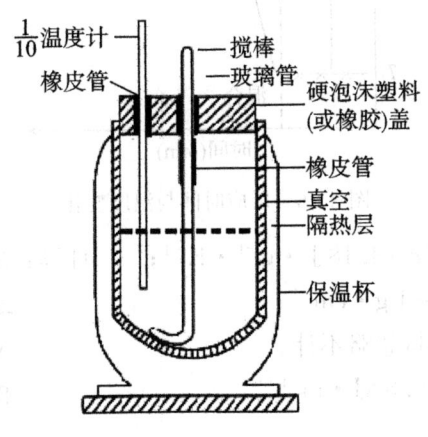

图 3-5 反应热测定装置

3. 旋转搅棒,不断搅动溶液,每隔 30 s 记录一次温度,读到小数点后两位。

4. 测定 2 min 后迅速取出橡皮塞,添加 3.0 g 锌粉(注意仍须不断搅动溶液),马上塞好橡皮塞,每隔 30 s 记录一次温度,记至最高温度后再继续测定 2 min。重复上述实验一次。

五、数据记录及数据处理(见表 3-8)

表 3-8 数据记录

序号									
时间									
温度									
序号									
时间									
温度									

根据上述记录求出温差 ΔT(求法如图 14-3 所示),然后代入公式求出反应热 ΔH,求出平均值,计算误差(%)。

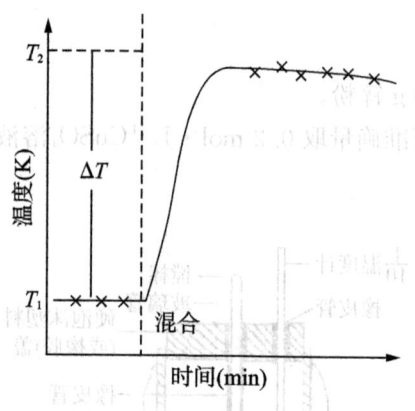

图 3-6 反应时间与温度变化

设：溶液的比热容 $c=4.18\ \text{J}\cdot\text{g}^{-1}\cdot\text{K}^{-1}$；　　　计算：$\Delta H_1$_____

溶液的密度 $\rho\approx 1\ \text{g}\cdot\text{cm}^{-3}$；　　　　　　　　ΔH_2_____

反应器的热容量忽略不计。　　　　　　　　　　ΔH 平均值_____

ΔH 参考值 $216.8\ \text{kJ}\cdot\text{mol}^{-1}$　　　　　　　　　相对误差_____

六、思考题

1. 实验室中所用锌粉为何只需台秤称取？
2. 试分析造成实验误差的主要原因。

实验八　吸光光度法测定铁的含量

一、实验目的

1. 掌握邻菲啰啉分光光度法测定铁的原理和方法。
2. 掌握分光光度计的使用方法。

二、实验原理

利用有色溶液对某一波长光（单色光）的吸收，从而求得被测物质含量的方法叫做分光光度法。单色光只含一种波长的光。单色光射入有色溶液，被有色溶液吸收一部分，所以通过溶液后其强度减弱了。光线减弱的程度（$\lg I_0/I_t$）与溶液浓度及光线经过的液层厚度有下列关系：

$$A=\lg I_0/I_t=KcL$$

式中：A 为吸光度；K 为比例常数；L 为有色溶液的厚度；c 有色溶液的浓度；I_0 为入射光的强度；I_t 为通过溶液后（透射光）光的强度。

如果光线通过溶液完全不被吸收，则 $I_0 = I_t$，这时 $\lg I_0/I_t = 0$；光线吸收得越多，则 $\lg I_0/I_t$ 的数值就越大。因此，这一项是表示光线通过溶液时被吸收的程度，通常叫"光密度"或"吸光度"，用符号 A 表示，由上述关系式得知：溶液的光密度与溶液中有色物质的浓度和液层厚度的乘积成正比。当液层厚度一定时，测定有色溶液的光密度，就可以得出它的浓度。

分光光度计是利用光学原理，将白光通过光栅（或棱镜）、反光镜、透镜、狭缝而获得单色光。单色光通过有色溶液作用于光电池，光电池受光照产生电流，电流强弱与照射光的强弱成正比，这样光电流的大小反映了有色溶液吸收光的程度，也就是光密度的大小。光密度的值可以从仪器上读取。

用分光光度计测定溶液浓度，首先要作工作曲线，即先配制一系列不同浓度的标准溶液，测其光密度，然后以光密度为纵坐标，以浓度为横坐标，在标准坐标纸上绘制标准曲线，此线是通过原点的直线。然后再测未知试样有色溶液的光密度值，由测得的光密度值便可在标准曲线上得到未知溶液对应的浓度。

用硝酸、盐酸、硫酸等溶解铁屑试样，生成 Fe(Ⅱ) 及 Fe(Ⅲ)。为防止 Fe(Ⅲ) 水解，加入 NH_4Ac，并将溶液 pH 控制在 3 左右。若有 Al、Mo 等元素干扰，可用酒石酸钾钠掩蔽之，加入抗坏血酸（维生素 C）使 Fe(Ⅲ) 全部还原成 Fe(Ⅱ)，再用显色剂邻菲啰啉使之与 Fe(Ⅱ) 定量地生成稳定的络合物。其反应如下：

当波长为 505 nm 的光通过此络合物溶液时，具有最大吸收峰。且在波长为 470～520 nm 范围内，光密度改变甚小。

三、仪器和药品

（1）仪器　容量瓶（50 ml）5 只；移液管（5 ml）2 只；量筒（10 ml）1 只；洗瓶；蒸馏水滴瓶；铁架台；铁圈；石棉网；酒精灯；洗耳球；移液管架；分光光度计（附比色皿1套）；擦镜纸。

（2）药品　抗坏血酸（2%）；乙酸铵（10%）；邻菲啰啉（0.1%）。

铁标准液（称取分析纯硫酸铁铵 $NH_4Fe(SO_4)_2 \cdot 12H_2O$ 0.863 4 g，置于烧杯中，加 20 ml 水，加 5 ml 分析纯 H_2SO_4 使之溶解，移入 1 L 容量瓶中，用蒸馏水稀释至刻度，其含铁量为 100 $\mu g \cdot ml^{-1}$）；

铁待测试液（称取铁屑 0.05 g，置于烧杯中，加 1：1 硝酸 10 ml 和 1：1 盐酸

4 ml,加热溶解,再加入 1∶1 硫酸 6 ml,蒸发冒烟 2~3 min,冷却,加 30 ml 蒸馏水,再加热溶解盐类,冷却后移入 250 ml 容量瓶中,用蒸馏水稀释至刻度)。

四、实验内容

1. 用移液管分为准确移取铁标准液 0.0 ml,0.5 ml,1.0 ml,1.5 ml,并依次注入 1#,2#,3#,4# 四只 50 ml 的容量瓶中。

2. 用另一只移液管准确移取待测铁试液 1 ml 置于 5# 50 ml 容量瓶中。

3. 分别用量筒量取 10% NH_4Ac 溶液 5 ml,2% 抗坏血酸溶液 5 ml 加入到 1#~5# 容量瓶中,然后把 5 只容量瓶同时置于沸水浴中加热 30 s(注意,切勿盖塞子),立即向各容量瓶中加入 0.1% 邻菲啰啉 10 ml,冷却,用蒸馏水稀释至刻度,摇匀。

4. 用比色皿分别盛装 1# 容量瓶中的空白液,和 2#,3#,4#,5# 容量瓶中的铁标准液和待测铁试剂,置于分光光度计的框架上测定相应的光密度值,并记录。

5. 绘制标准曲线。在坐标纸上,以铁标准溶液的光密度值为纵坐标,已知溶液的含铁量($\mu g \cdot ml^{-1}$)为横坐标,绘制标准曲线。

6. 根据待测铁试液的光密度值,在标准曲线上查出其对应的铁含量 M($\mu g \cdot ml^{-1}$)。

7. 计算铁的含量:$w_{Fe}(\%) = M \times 10^{-6} \times 250 \times 50 \times 100\% \div 0.05$

五、数据记录和处理

1. 数据记录(见表 3-9)。

表 3-9 实验数据记录及处理

容量瓶编号	标准铁试液(原液浓度 100 $\mu g \cdot ml^{-1}$)				待测铁试液
	1	2	3	4	5
原液体积(ml)	0.00	0.50	1.00	1.50	1.00
容量瓶中铁含量($\mu g \cdot ml^{-1}$)	0	1	2	3	
光密度					

2. 绘制标准曲线。

3. 由待测铁试液的光密度在标准曲线中查找对应的铁含量($\mu g \cdot ml^{-1}$)。

4. 计算 $w_{Fe}(\%)$。

六、思考题

1. 本实验所用各种玻璃器皿应如何洗涤?

2. 为什么用分光光度法测定试样含量时要配空白试液?

3. 怎样才能测得可靠的实验数据?怎样绘制标准曲线?

实验九 硫酸亚铁铵的制备

一、实验目的

1. 了解复盐的制备方法。
2. 熟练过滤、蒸发、结晶等基本操作。
3. 了解目测比色法检验产品质量的方法。

二、实验原理

铁溶于稀硫酸中生成硫酸亚铁,并与等物质的量的硫酸铵在水溶液中相互作用,即生成溶解度较小的浅蓝绿色硫酸亚铁铵 $FeSO_4(NH_4)_2SO_4 \cdot 6H_2O$ 复盐晶体,反应式如下:

$$Fe + H_2SO_4 = FeSO_4 + H_2 \uparrow$$

$$FeSO_4 + (NH_4)_2SO_4 + 6H_2O = (NH_4)_2SO_4 \cdot FeSO_4 \cdot 6H_2O$$

在空气中亚铁盐通常都易被氧化,但形成的复盐比较稳定,不易被氧化,因此在定量分析中常用硫酸亚铁铵来配制亚铁离子的标准溶液。

三、仪器和药品

(1) 仪器 台秤;布氏漏斗和吸滤瓶;比色管(25 ml)4 支;蒸发皿;表面皿;pH 试纸;滤纸。

(2) 药品 $HCl(2\ mol \cdot L^{-1})$;$H_2SO_4(3\ mol \cdot L^{-1})$;$HaOH(2\ mol \cdot L^{-1})$;$Na_2CO_3(10\%)$;$(NH_4)_2SO_4$ 固体;$NH_4Fe(SO_4)_2 \cdot 12H_2O(s)$;铁屑;KSCN(25%)。

四、实验内容

1. 铁屑表面油污的去除

称取 4 g 铁屑,放在小烧杯中,加入 20 ml 10% Na_2CO_3 溶液,小火加热约 10 min,用倾析法除去碱液,用水把铁屑冲洗干净至中性,备用。

2. 硫酸亚铁的制备

在盛有 4 g 铁屑的小烧杯中倒入 30 ml 3 mol·$L^{-1}H_2SO_4$ 溶液,盖上表面皿,放在石棉网上用小火加热,使铁屑和 H_2SO_4 反应直至不再有气泡冒出为止(约需 20 min)。在加热过程中应不时加入少量水,以补充被蒸发掉的水分,这样做可以防止 $FeSO_4$ 结晶出来。趁热减压过滤,滤液立即转移至蒸发皿中,此时溶液的 pH 应在 1 左右。

3. 硫酸亚铁铵的制备

根据 $FeSO_4$ 的理论产量,执照反应式计算所需固体硫酸铵的质量。在室温下将称出的 $(NH_4)_2SO_4$ 配制成饱和溶液加到硫酸亚铁溶液中,混合均匀,并用 $3\ mol \cdot L^{-1}\ H_2SO_4$ 溶液调节 pH 为 1~2。用小火蒸发浓缩至表面出现晶体膜为止(蒸发过程中不宜搅动),放置使溶液慢慢冷却,硫酸亚铁铵即可结晶出来。用减压过滤法滤出晶体,把晶体用滤纸吸干。观察晶体的形状和颜色,称出质量并计算产率。

4. 产品检验

(1) 试用实验方法证明产品中含有 NH_4^+、Fe^{2+} 和 SO_4^{2-}。

(2) 标准色阶的配制

在三支比色管中分别加入含有下列数量 Fe^{3+} 的标准溶液各 15 ml(由实验室配制),然后用处理试样相同的方法配制成 25 ml 标准溶液系列:

1) 含 Fe^{3+} 0.5 mg(符号 Ⅰ 级试剂)
2) 含 Fe^{3+} 0.10 mg(符号 Ⅱ 级试剂)
3) 含 Fe^{3+} 0.20 mg(符号 Ⅲ 级试剂)

(3) Fe^{3+} 的限量分析

称取 1 g 产品置于 25 ml 比色管中,用 15 ml 不含氧的蒸馏水溶解,加入 2 ml $mol \cdot L^{-1}$ HCl 和 1 ml KNCS(1 $mol \cdot L^{-1}$)溶液,再加不含氧的蒸馏水至 25 ml 刻度,摇匀后,将可呈现的红色,与标准溶液的红色比较,确定 Fe^{3+} 的含量符合哪一级的试剂的规格。

五、思考题

1. 铁屑表面的油污是怎样除去的?
2. 为什么制备硫酸亚铁铵晶体时,溶液必须呈酸性?
3. 如何计算 $FeSO_4$ 的理论产量和反应所需 $(NH_4)_2SO_4$ 的质量?
4. 怎样证明产品中含有 NH_4^+、Fe^{2+} 和 SO_4^{2-}?怎样分析产品中 Fe^{3+} 的含量?

六、附注:几种化合物的溶解度数据(见表 3-10)

表 3-10 几种化合物的溶解度数据(g/100 g 水)

温度(℃)	10	20	30	40	50	70
$(NH_4)_2SO_4$	73.0	75.4	78.0	81.0	84.5	91.9
$FeSO_4 \cdot 7H_2O$	40.0	48.0	60.0	73.3	—	—
$(NH_4)_2Fe(SO_4)_2 \cdot 6H_2O$	18.1	21.2	24.5	27.9	31.3	38.5

实验十　常见阳离子、阴离子的分离与鉴定

一、实验目的

1. 使学生掌握常见阴离子、阳离子的分离鉴定方法。
2. 掌握离子检出的基本操作。
3. 进一步掌握一些元素及其化合物的化学性质。

二、实验原理

离子的分离和鉴定是以各离子对试剂的不同反应为依据的。这种反应常伴随着特殊的现象,如沉淀的生成或溶解、特殊颜色的出现、气体的产生等。各离子对试剂的作用的相似性和差异性都是构成离子分离与鉴定的基础。

离子的分离和检出是在一定条件下进行的。所谓一定的条件主要指溶液的酸度、反应物的浓度、反应温度、促进或妨碍反应的物质是否存在等。为使反应向期望的方向进行,就必须选择适当的反应条件。

离子混合液中诸组分若对鉴定反应不产生干扰,便可以利用特效反应直接鉴定某种离子。若共存的其他组分彼此干扰,就要选择适当方法消除干扰。通常采用遮掩剂消除干扰,这是一种比较简单、有效的方法。但在很多情况下没有合适的遮掩剂,就需要将彼此干扰的组分分离。沉淀分离是最经典的分离方法,这种方法是向混合溶液中加入沉淀剂,利用形成的化合物溶解度的差异,使被分离组分与干扰组分分离。常用的沉淀剂有 HCl、H_2SO_4、NaOH、$NH_3 \cdot H_2O$、$(NH_4)_2CO_3$ 及 $(NH_4)_2S$ 等。由于元素周期表中的位置使相邻元素在化学性质上表现出相似性,因此一种沉淀剂往往可以使具有相似的元素同时产生沉淀,这种沉淀剂称为产生沉淀的元素的组试剂,组试剂将元素划分为不同的组,逐渐达到分离的目的。

(一) 常见阳离子的鉴定(见表 3-11)

表 3-11　常见阳离子的鉴定

离子名称	鉴定试剂	鉴定方法	干扰离子与处理
NH_4^+	NaOH 溶液	取少量的试液与 NaOH 溶液反应,微热,检验放出气体为 NH_3	
	Nessler 试剂	NH_4^+ 与 Nessler 试剂反应生成红棕色沉淀;有干扰时,取少量的试液与 NaOH 溶液反应,微热	与碱性溶液反应,能生成有颜色沉淀的离子干扰该反应
K^+	$Na_3[Co(NO_2)_6]$	K^+ 与 $Na_3[Co(NO_2)_6]$ 在中性或稀乙酸介质中反应,生成亮黄色沉淀	NH_4^+ 干扰,水浴加热消除;Fe^{3+}、Co^{2+}、Ni^{2+} 和 Cu^{2+} 等有色离子干扰,加入 Na_2CO_3 使其转变为碳酸盐消除

续表

离子名称	鉴定试剂	鉴定方法	干扰离子与处理
Na^+	$Zn(Ac)_2 + UO_2(Ac)_2$	Na^+ 与 $Zn(Ac)_2 + UO_2(Ac)_2$ 在中性或稀乙酸介质中,反应生成淡黄色晶状沉淀	其他金属离子干扰,加入 EDTA 掩蔽
Ag^+	稀 HCl 溶液	Ag^+ 与稀 HCl 溶液反应生成白色沉淀,其溶于氨水,加入稀 HNO_3 后,沉淀又会生成	Pb^{2+}、Hg_2^{2+} 干扰,$PbCl_2$ 溶于热水,Hg_2Cl_2 与氨水反应有沉淀生成
Mg^{2+}	镁试剂 I(对硝基苯偶氮间苯二酚)	Mg^{2+} 与镁试剂 I 在碱性介质中反应,生成蓝色的螯合物沉淀	在碱性介质中生成深色氢氧化物沉淀的离子产生干扰,加入 EDTA 掩蔽
Ca^{2+}	GBHA[己二醛双缩(2-羟基苯胺)]	Ca^{2+} 与 GBHA 在 pH = 12~12.6反应生成不溶于 $CHCl_3$ 的红色螯合物沉淀	Ba^{2+}、Sr^{2+} 干扰,加入 $NaCO_3$ 转化为碳酸盐消除;Cd^{2+} 干扰
Sr^{2+}	玫瑰红酸(或焰色反应)	Sr^{2+} 与玫瑰红酸钠在中性介质中反应,生成红棕色沉淀,此沉淀可溶于稀 HCl	Ba^{2+} 干扰,可采取纸上反应来鉴定:纸中间加入少量的 $K_2Cr_2O_7$ 溶液,然后加入试液,此时纸中间生成黄色 $BaCr_2O_7$ 沉淀,Sr^{2+} 扩散到纸边沿,在纸边沿玫瑰红酸钠鉴定
Ba^{2+}	K_2CrO_4 溶液	Ba^{2+} 与 K_2CrO_4 溶液在弱酸性介质中反应,生成黄色沉淀	Ag^+、Hg^{2+}、Pb^{2+} 等干扰,预先用金属锌还原除去
Al^{3+}	铝试剂	Al^{3+} 与铝试剂在 pH=12~12.6 反应,生成红色絮状螯合物沉淀,此沉淀可溶于稀 HCl	Bi^{3+}、Fe^{3+}、Cu^{2+}、Cr^{3+}、Ca^{2+} 等干扰。Bi^{3+}、Fe^{3+} 可转化为氢氧化物沉淀除去;Cu^{2+}、Cr^{3+} 与铝试剂螯合物可被氨水分解;Ca^{2+} 与铝试剂螯合物可用 $(NH_4)_2CO_3$ 转化为 $CaCO_3$
Sn^{2+}	$HgCl_2$ 溶液	$HgCl_2$ 溶液与过量 Sn^{2+} 反应生成黑色的沉淀	
Pb^{2+}	K_2CrO_4 溶液	Pb^{2+} 与 K_2CrO_4 溶液在乙酸中反应生成黄色沉淀,此沉淀溶于强碱	Ba^{2+}、Ag^+、Hg^{2+}、Bi^{3+} 等干扰。可全部转化为硫酸盐,然后溶于强碱,使 $PbSO_4$ 转化为 $[Pb(OH)_4]^{2-}$,与其他沉淀分离,再鉴定
Bi^{3+}	新配制的锡酸钠 Na_2SnO_3 溶液	Bi^{3+} 与新配制的锡酸钠溶液在碱性介质中反应,有黑色沉淀产生	
Cr^{3+}	H_2O_2 溶液	Cr^{3+} 在碱性介质中被 H_2O_2 溶液氧化为黄色的 CrO_4^{2-} 后,用硝酸酸化,加乙醚和少量的 H_2O_2,振荡,乙醚层呈现蓝色	
Mn^{2+}	$NaBiO_3$ 固体	Mn^{2+} 在稀硫酸中被铋酸钠氧化为紫红色的 MnO_4^-	还原剂存在时干扰该反应

续表

离子名称	鉴定试剂	鉴定方法	干扰离子与处理
Fe^{3+}	$K_4[Fe(CN)_6]$溶液或KSCN溶液	在稀酸介质中，Fe^{3+}与$K_4[Fe(CN)_6]$溶液反应生成蓝色沉淀或在稀酸介质中Fe^{3+}与KSCN溶液反应，生成可溶于水的红色离子	
Fe^{2+}	$K_3[Fe(CN)_6]$溶液	在酸性介质中，Fe^{2+}与$K_3[Fe(CN)_6]$反应生成蓝色沉淀	
Co^{2+}	KSCN固体丙酮介质	在含有少量丙酮的中性或弱酸性介质中，Co^{2+}与KSCN固体反应后，生成蓝色离子$[Co(SCN)_4]^{2-}$	Fe^{3+}干扰该反应，可用NaF掩蔽
Ni^{2+}	丁二酮肟	用稀氨水碱化后，Ni^{2+}与丁二酮肟反应生成鲜红色螯合物沉淀	大量的Co^{2+}、Fe^{2+}、Fe^{3+}、Cu^{2+}干扰反应，要预先分离
Zn^{2+}	二苯硫腙	强碱性介质中Zn^{2+}与二苯硫腙反应生成粉红色螯合物沉淀	
Cu^{2+}	$K_4[Fe(CN)_6]$溶液	在中性或弱酸性介质中Cu^{2+}与$K_4[Fe(CN)_6]$溶液反应，生成红棕色$Cu_2[Fe(CN)_6]$沉淀	Fe^{3+}干扰该反应，可用NaF掩蔽
Cd^{2+}	S^{2-}	Cd^{2+}与S^{2-}离子反应生成黄色沉淀。沉淀易溶于稀酸中	可通过控制酸度的方法使Cd^{2+}与其他金属离子分离
Hg^{2+}	$CuSO_4$和KI溶液	Hg^{2+}与$CuSO_4$、KI溶液反应生成橙红色$Cu_2[HgI_4]$沉淀	加入Na_2SO_3消除黄色I_2干扰
Hg_2^{2+}	$CuSO_4$和KI溶液稀HCl和HNO_3	向试液中加入稀HCl，使Hg_2^{2+}与HCl反应生成Hg_2Cl_2沉淀。把沉淀溶于稀HCl和HNO_3中，则生成Hg^{2+}。然后用检验Hg^{2+}方法检验	Pb^{2+}和Ag^+可产生干扰，但$PbCl_2$溶于热水，可以分离。AgCl不溶于稀HCl和HNO_3中也可分离除取

（二）常见阴离子的鉴定（见表3-12）

表3-12 常见阴离子的鉴定

离子名称	鉴定试剂	鉴定方法	干扰离子与处理
CO_3^{2-}	酸溶液	将试液酸化后产生CO_2	S^{2-}和SO_3^{2-}干扰鉴定。可在酸化前加H_2O_2溶液，使S^{2-}和SO_3^{2-}转化为SO_4^{2-}
NO_3^-	$FeSO_4$溶液浓H_2SO_4介质	NO_3^-与$FeSO_4$溶液在浓H_2SO_4介质中反应，生成棕色环	Br^-、I^-及NO_2^-干扰鉴定。加稀H_2SO_4和Ag_2SO_4溶液，使Br^-和I^-生成沉淀后分离，加尿素并微热，可除去NO_2^-
NO_2^-	$FeSO_4$溶液HAc介质	NO_2^-与$FeSO_4$溶液在HAc介质中反应，生成棕色环	Br^-和I^-干扰鉴定，加Ag_2SO_4溶液，使Br^-和I^-生成沉淀后分离出去

续表

离子名称	鉴定试剂	鉴定方法	干扰离子与处理
PO_4^{3-}	$(NH_4)_2MoO_4$ 溶液 酸介质	PO_4^{3-} 与 $(NH_4)_2MoO_4$ 溶液在酸性介质中反应,生成黄色磷钼酸铵沉淀	S^{2-}、SO_3^{2-}、$S_2O_3^{2-}$ 等还原性离子干扰反应,加入 HNO_3 并在水浴上加热,可除去干扰离子
S^{2-}	$Na[Fe(CN)_5NO]$ 碱性介质	S^{2-} 与 $Na[Fe(CN)_5NO]$ 在碱性介质中反应生成紫红色的 $[Fe(CN)_5NOS]^{4-}$	
SO_3^{2-}	$Na[Fe(CN)_5NO]$、$K_4[Fe(CN)_6]$ 和 $ZnSO_4$	SO_3^{2-} 与 $Na[Fe(CN)_5NO]$、$ZnSO_4$ 和 $K_4[Fe(CN)_6]$ 溶液在中性介质中反应生成红色沉淀	在酸性介质中,红色沉淀消失。用氨水中和后检验。S^{2-} 干扰 SO_3^{2-} 的鉴定,加入 $PbCO_3(s)$ 使 S^{2-} 生成 PbS 沉淀
$S_2O_3^{2-}$	$AgNO_3$ 溶液	$S_2O_3^{2-}$ 与 Ag^+ 反应生成白色沉淀,并迅速分解,颜色由白色变为黄色、棕色,最后变为黑色	S^{2-} 干扰 $S_2O_3^{2-}$ 的鉴定,必须先除掉
SO_4^{2-}	$BaCl_2$ 溶液	SO_4^{2-} 与 Ba^{2+} 反应生成 $BaSO_4$ 白色沉淀	CO_3^{2-}、SO_3^{2-} 干扰鉴定,可先酸化,以除去这些离子
Cl^-	$AgNO_3$ 溶液	Cl^- 与 $AgNO_3$ 溶液反应生成白色沉淀	SCN^- 的存在干扰 Cl^- 的鉴定,在氨水中 $AgSCN$ 难溶,$AgCl$ 易溶,滤去 $AgSCN$,酸化后鉴定
I^-	氯水 CCl_4 或 $CHCl_3$	I^- 在酸性介质中能被氯水氧化为 I_2,I_2 在 CCl_4 或 $CHCl_3$ 中显紫红色,氯水过量颜色消失	
Br^-	氯水 CCl_4 或 $CHCl_3$	Br^- 与适量的氯水反应游离出 Br_2,溶液显红色。加 CCl_4 或 $CHCl_3$ 有机相显红棕色,水相无色;氯水过量,则生成淡黄色 $BrCl$	I^- 存在干扰 Br^- 鉴定,I^- 先与氯水反应生成 I_2,在有机相显紫红色

三、仪器和药品

(1) 仪器 离心机;离心试管;点滴板;试管;试管夹;试管架;酒精灯。

(2) 药品 Ag^+;Hg^{2+};Pb^{2+};Cu^{2+};Fe^{3+};Al^{3+};Ba^{2+} 混合溶液(均为硝酸盐,其浓度都为 $10\ \mu g \cdot L^{-1}$);$HCl(2\ mol \cdot L^{-1}$、$6\ mol \cdot L^{-1}$、浓);$H_2SO_4(2\ mol \cdot L^{-1}$、$6\ mol \cdot L^{-1})$;$HNO_3(6\ mol \cdot L^{-1})$;$HAc(2\ mol \cdot L^{-1}$、$6\ mol \cdot L^{-1})$;$NaOH(2\ mol \cdot L^{-1}$、$6\ mol \cdot L^{-1})$、$KOH(2\ mol \cdot L^{-1})$;$NH_3 \cdot H_2O(6\ mol \cdot L^{-1})$;$NaCl(1\ mol \cdot L^{-1})$;$KCl(1\ mol \cdot L^{-1})$;$KI(1\ mol \cdot L^{-1})$;$MgCl_2(0.5\ mol \cdot L^{-1})$;$CaCl_2(0.5\ mol \cdot L^{-1})$;$BaCl_2(0.5\ mol \cdot L^{-1})$;$AlCl_3(0.5\ mol \cdot L^{-1})$;$SnCl_2(0.5\ mol \cdot L^{-1})$;$Pb(NO_3)_2(0.5\ mol \cdot L^{-1})$;$HgCl_2(0.2\ mol \cdot L^{-1})$;$CuCl_2(0.5\ mol \cdot L^{-1})$;$CuSO_4(0.2\ mol \cdot L^{-1})$;$AgNO_3(0.1\ mol \cdot L^{-1})$;$ZnSO_4(0.2\ mol \cdot L^{-1})$;

Al(NO$_3$)$_3$(0.5 mol·L^{-1});NaNO$_3$(0.5 mol·L^{-1});Ba(NO$_3$)$_2$(0.5 mol·L^{-1});Na$_2$S(0.5 mol·L^{-1}、1 mol·L^{-1});H$_2$S(饱和);KSb(OH)$_6$(饱和);饱和酒石酸氢钠(饱和);NaAc(0.2 mol·L^{-1}、1 mol·L^{-1});K$_2$CrO$_4$(1 mol·L^{-1}、2 mol·L^{-1});Na$_2$CO$_3$(12%、饱和);NH$_4$Cl(饱和);NH$_4$Ac(2 mol·L^{-1});(NH$_4$)$_2$C$_2$O$_4$(饱和);K$_4$[Fe(CN)$_6$](0.25 mol·L^{-1}、0.5 mol·L^{-1});硫代乙酰胺(5%);对氨基苯磺酸;镁试剂;0.1%铝试剂;罗丹明 B;苯;硫脲(2.5%)、(NH$_4$)$_2$[Hg(SCN)$_4$]。

四、实验内容

(一) 碱金属和碱土金属离子的鉴定

1. Na$^+$ 的鉴定

在盛有 0.5 ml 1 mol·L^{-1} NaCl 溶液的试管中,加入 0.5 ml 饱和六羟基锑(V)酸钾溶液,即有白色沉淀生成。如无沉淀产生,可用玻璃棒摩擦试管内壁,静置片刻。观察现象并写出化学反应方程式。

2. K$^+$ 的鉴定

在盛有 0.5 ml 1 mol·L^{-1} KCl 溶液的试管中,加入 0.5 ml 饱和酒石酸氢钠溶液,如有白色沉淀生成,显示有 K$^+$ 存在。如无沉淀产生,可用玻璃棒摩擦试管内壁,静置片刻。观察现象并写出化学反应方程式。

3. Mg^{2+} 的鉴定

在盛有 2 滴 0.5 mol·L^{-1} MgCl$_2$ 溶液的试管中,滴加 6 mol·L^{-1} NaOH 溶液,直到白色絮状沉淀为止;然后加入一滴镁试剂,搅拌之,生成蓝色沉淀,表示有 Mg^{2+} 存在。

4. Ca^{2+} 的鉴定

在盛有 0.5 ml 0.5 mol·L^{-1} CaCl$_2$ 溶液的离心试管中,滴加 10 滴饱和草酸铵溶液,有白色沉淀生成。离心分离,弃清液。若白色沉淀不溶于 6 mol·L^{-1} HAc 溶液而溶于 2 mol·L^{-1} HCl,表示有 Ca^{2+} 存在,写出反应方程式。

5. Ba^{2+} 的鉴定

加 2 滴 0.5 mol·L^{-1} BaCl$_2$ 溶液的离心试管中,加 2 mol·L^{-1} HAc 和 2 mol·L^{-1} NaAc 各 2 滴,然后滴加 2 滴 1 mol·L^{-1} K$_2$CrO$_4$,有黄色沉淀生成,表示有 Ba^{2+} 存在。写出反应方程式。

(二) P 区和 ds 区部分金属离子的鉴定

1. Al^{3+} 的鉴定

取 5 滴 0.5 mol·L^{-1} AlCl$_3$ 溶液于小试管中,加 2 滴水,2 滴 2 mol·L^{-1} HAc 及 2 滴 0.1% 铝试剂,搅拌后,置于水浴上加热片刻,再加入 1~2 滴 6 mol·L^{-1} 氨水,有红色絮状沉淀生成,表示有 Al^{3+} 存在。

2. Sn^{2+} 的鉴定

取 5 滴 0.5 mol·L^{-1} SnCl$_2$ 溶液于小试管中,逐滴加入 0.2 mol·L^{-1}

$HgCl_2$,边加边振荡,若产生的沉淀由白色变为灰色,然后变为黑色,表示有 Sn^{2+} 存在。

3. Pb^{2+} 的鉴定

取 5 滴 $0.5 \text{ mol} \cdot \text{L}^{-1}$ $Pb(NO_3)_2$ 溶液于小试管中,加 2 滴 $1 \text{ mol} \cdot \text{L}^{-1}$ K_2CrO_4,若黄色的沉淀产生,在沉淀上滴加数滴 $2 \text{ mol} \cdot \text{L}^{-1}$ NaOH 溶液,沉淀溶解,表示有 Pb^{2+} 存在。

4. Cu^{2+} 的鉴定

取 1 滴 $0.5 \text{ mol} \cdot \text{L}^{-1}$ $CuCl_2$ 溶液于小试管中,加 1 滴 $6 \text{ mol} \cdot \text{L}^{-1}$ HAc 溶液酸化,再加 1 滴 $0.5 \text{ mol} \cdot \text{L}^{-1}$ 铁氰化钾溶液,若红棕色的沉淀产生,表示有 Cu^{2+} 存在。

5. Ag^+ 的鉴定

取 5 滴 $0.1 \text{ mol} \cdot \text{L}^{-1}$ $AgNO_3$ 溶液于小试管中,加 5 滴 $2 \text{ mol} \cdot \text{L}^{-1}$ HCl,产生白色的沉淀,在沉淀上滴加 $6 \text{ mol} \cdot \text{L}^{-1}$ 氨水至沉淀完全溶解。此溶液中再用 $6 \text{ mol} \cdot \text{L}^{-1}$ HNO_3 溶液酸化,产生白色沉淀,表示有 Ag^+ 存在。

6. Zn^{2+} 的鉴定

取 3 滴 $0.2 \text{ mol} \cdot \text{L}^{-1}$ $ZnSO_4$ 溶液于小试管中,加 2 滴 $2 \text{ mol} \cdot \text{L}^{-1}$ HAc 溶液酸化,再加 3 滴硫氰酸汞铵溶液,摩擦试管内壁,若白色的沉淀产生,表示有 Zn^{2+} 存在。

7. Cd^{2+} 的鉴定

取 3 滴 $0.2 \text{ mol} \cdot \text{L}^{-1}$ $Cd(NO_3)_2$ 溶液于小试管中,加 2 滴 $2 \text{ mol} \cdot \text{L}^{-1}$ Na_2S 溶液,若亮黄色的沉淀产生,表示有 Cd^{2+} 存在。

8. Hg^{2+} 的鉴定

取 2 滴 $0.2 \text{ mol} \cdot \text{L}^{-1}$ $HgCl_2$ 溶液于小试管中,逐滴加 $0.5 \text{ mol} \cdot \text{L}^{-1}$ $SnCl_2$ 溶液,边加边振荡,观察沉淀颜色的变化过程,最后变为灰色,表示有 Hg^{2+} 存在。

(三)常见阴离子的鉴定

1. CO_3^{2-} 的鉴定

向 Na_2CO_3 溶液中加酸,观察现象。

将沾有饱和 $Ba(OH)_2$ 溶液的玻璃棒伸入上述试管,置于溶液上方,观察实验现象。

2. NO_3^- 的鉴定

取 1 小粒硫酸亚铁铵晶体于点滴盘上,加 1 滴 NO_3^-,2 滴浓硫酸,观察实验现象。

$$3Fe^{2+} + NO_3^- + 4H^+ = 3Fe^{3+} + NO + 2H_2O$$

$$[Fe^{2+}(H_2O)_6]^{2+} + NO = [Fe^{2+}(NO)(H_2O)_5]^{2+}(棕色) + H_2O$$

3. NO_2^- 的鉴定

取 2 滴 NO_2^- 试液于点滴板上,加 1 滴 2 mol·L^{-1} HAc 溶液酸化,再加 1 滴对氨基苯磺酸和 1 滴 α-萘胺。如有玫瑰红色出现,示有 NO_2^- 存在。

4. SO_4^{2-} 的鉴定

$$SO_4^{2-} + Ba^{2+} = BaSO_4 \downarrow (白色),示有 SO_4^{2-} 存在。$$

5. SO_3^{2-} 的鉴定

SO_3^{2-} 溶液酸化后滴加 1 滴高锰酸钾溶液,观察实验现象。

6. $S_2O_3^{2-}$ 的鉴定

向硝酸银溶液中滴加 1 滴硫代硫酸钠溶液,观察实验现象。

7. PO_4^{3-} 的鉴定

磷酸钠溶液酸化后加入 $(NH_4)_2MoO_4$,微热,观察实验现象。

$$PO_4^{3-} + 3NH_4^+ + 12MoO_4^{2-} + 24H^+ =$$
$$(NH_4)_3PO_4 \cdot 12MoO_3 \cdot 6H_2O \downarrow + 6H_2O$$

8. S^{2-} 的鉴定

取 1 滴 S^{2-} 试液于离心试管中,加 1 滴 2 mol·L^{-1} NaOH 溶液碱化,再加 1 滴亚硝酰铁氰化钠试剂,如溶液变成紫色,表示有 S^{2-} 存在。

$$4Na^+ + S^{2-} + [Fe(CN)_5NO]^{2-} = Na_4[Fe(CN)_5NOS]$$

9. Cl^- 的鉴定

氯化钠溶液中滴加硝酸银,产生沉淀后离心分离,用 6 mol·L^{-1} 氨水溶解,最后重新用 HNO_3 酸化,观察实验现象。

10. I^- 的鉴定

取 1 滴碘离子溶液用 1 滴酸酸化,加几滴 CCl_4 溶液,然后逐滴滴加氯水,用力振荡,每滴加 1 滴氯水注意观察有机层颜色变化。

11. Br^- 的鉴定

取 1 滴溴离子溶液用 1 滴酸酸化,加几滴 CCl_4 溶液,然后逐滴滴加氯水,用力振荡,每滴加 1 滴氯水注意观察有机层颜色变化。

五、思考题

1. 在未知溶液分析中,当由碳酸盐制备铬酸盐沉淀时,为什么须用乙酸溶液去溶解碳酸盐沉淀,而不用强酸如盐酸去溶解?

2. HgS 的沉淀一步中为什么选用 H_2SO_4 溶液酸化而不用 HCl?

3. 汞盐和亚汞盐的性质有何不同?通过实验你可以得到几种区别它们的方法?

实验十一 非金属元素(卤素、氧、硫)

一、实验目的

1. 掌握卤素及其化合物的性质。
2. 了解卤素的歧化反应。
3. 掌握氧、硫及其化合物的性质。
4. 掌握过氧化氢的氧化还原性。
5. 掌握硫代硫酸钠,过二硫酸钾的性质。

二、仪器和药品

(1) 仪器　电磁搅拌器;吸滤装置;蒸馏瓶;分液漏斗;微型试管。

(2) 药品　KI;KBr,$MnSO_4$;KIO_3;Na_2SO_3;$Na_2S_2O_3$;NaOH(1 mol·L^{-1}、2 mol·L^{-1},40%);KF;硫代乙酰胺溶液;氯水;溴水;碘水;CCl_4;H_2SO_4(3mol·L^{-1}、浓);HCl(6 mol·L^{-1}、浓);MnO_2 固体;KBr 固体;KI 固体;$KClO_3$ 固体;石蜡;$Pb(Ac)_2$ 试纸;KI 淀粉试纸;淀粉溶液;pH 试纸;CaF_2 固体;NaCl 固体;品红溶液;$KMnO_4$;$K_2Cr_2O_7$;$Na_2S_2O_3$;$AgNO_3$;$MnSO_4$;$Pb(NO_3)_2$;H_2SO_4;H_2O_2(3%);乙醚;$K_2S_2O_8$ 固体,Na_2SO_3 固体。

三、实验内容

(一) 卤素单质的溶解性

观察氯水、溴水、碘水的颜色,比较碘在水、CCl_4 以及 KI 水溶液中的溶解情况和颜色,对碘溶液颜色不同加以解释。

(二) 卤素单质的氧化性

1. 比较卤素单质的氧化性

1) 取几滴 KBr 溶液,加入少量 CCl_4,滴加氯水,仔细观察 CCl_4 层颜色的变化。
2) 取几滴 KI 溶液,加入少量 CCl_4,滴加氯水,仔细观察 CCl_4 层颜色的变化。
3) 取几滴 KI 溶液,加入少量 CCl_4,滴加溴水,仔细观察 CCl_4 层颜色的变化。

写出反应方程式,说明卤素单质的氧化性。

2. 氯水对溴碘离子混合溶液的氧化次序

取几滴 0.1 mol·L^{-1} KBr 和 1 滴 0.01 mol·L^{-1} KI 溶液,加入少量 CCl_4,然后缓慢滴加氯水并搅拌,仔细观察 CCl_4 层颜色的变化。用 pH 试纸检查在碘颜色刚消失时溶液的 pH。写出反应方程式,并根据电极电势和溶液的 pH 说明原因。

(三) 卤素离子的还原性

1. 将少量 KI 固体装入干燥的中试管中,加入约 1 ml 浓 H_2SO_4,观察现象,选择试纸检查气体产物,写出反应方程式。

用 KBr、NaCl 代替 KI 重复实验,观察现象,写出反应方程式。

2. 向少量 NaCl 固体和 MnO_2 混合物中加入约 0.5 ml 浓 H_2SO_4,微热,检查生成的气体,写出反应方程式。

由实验比较卤素离子还原性的强弱。

(四) 碘的歧化反应

取少量 I_2 水和 CCl_4 于试管中,滴加 2 mol·L^{-1} NaOH 使其呈强碱性,观察 CCl_4 层颜色变化;再滴加 3 mol·L^{-1} H_2SO_4 使其呈强酸性,观察 CCl_4 层颜色变化。写出反应方程式,并用电极电势值加以说明。

(五) 卤素含氧酸盐的氧化性

1. 次氯酸盐的氧化性

1) 取少量 NaClO 溶液两份,分别加入 $MnSO_4$ 溶液和品红溶液,观察现象,写出反应方程式。

2) 取少量 2 mol·L^{-1} HCl 滴加 NaClO 溶液,观察现象,检查气体产物,写出反应方程式。用 H_2SO_4 酸化的碘化钾-淀粉溶液代替 HCl 进行实验,结果如何?

根据以上反应和电极电势说明次氯酸盐的氧化性。

2. 氯酸钾的氧化性

1) 取少量 $KClO_3$ 晶体两份,分别加入 $MnSO_4$ 溶液和品红溶液并搅拌,观察现象,比较次氯酸盐和氯酸盐氧化性的强弱。

2) 取少量 $KClO_3$ 晶体,加入少量浓 HCl。选择试纸检查气体产物,写出反应方程式。

3) 取少量 $KClO_3$ 晶体,加水溶解后,加少量 KI 溶液和 CCl_4,检查 pH,观察 CCl_4 层有无变化;然后酸化,观察 CCl_4 层颜色变化。根据 pH 近似计算电极电势,并说明 CCl_4 的颜色为什么不同。

3. 碘酸钾的氧化性

试验碘酸钾与亚硫酸钠反应,溶液未酸化、酸化和加入次序相反时的现象是否相同?

给定试剂:0.1 mol·L^{-1} KIO_3,0.1 mol·L^{-1} Na_2SO_3,3 mol·L^{-1} H_2SO_4,淀粉溶液,pH 试纸。

观察实验现象,写出反应方程式。根据用 pH 试纸检查碘酸钾与亚硫酸钠混合溶液的 pH 和标准电极电势,说明碘酸钾氧化性与酸度的关系。

(六) 金属卤化物

1. 氟化氢制备和性质

在涂有石蜡的玻璃片上,用铁钉或小刀刻下字迹(透过石蜡、露出玻璃),在塑料瓶盖上放约 1 g 的 CaF_2 固体,加几滴水调成糊状后,再加入约 1 ml 浓 H_2SO_4,立即用刻字的玻璃片盖上。放置 1 h 左右,用水冲洗玻璃片并刮去石蜡,观察玻璃上字迹,解释现象写出反应方程式。

2. 比较卤化物的溶解性

取少量 NaF、NaCl、KBr、KI 溶液各两份,分别滴加 $Ca(NO_3)_2$ 和 $AgNO_3$ 溶液,观察现象,写出反应方程式。根据结构理论说明氟化物与其他卤化物为什么不同。

(七) 过氧化氢的性质

1. 过氧化氢的酸性

向试管中加入 3% 的 H_2O_2 溶液 1 ml,再加入 40% 的 NaOH 溶液约 0.5 ml 和少量乙醇,振荡,并用冷水冷却,观察产物的颜色和状态。写出反应方程式。

2. 过氧化氢的氧化性

在试管中加入几滴 KI 溶液和 $1\ mol \cdot L^{-1}\ H_2SO_4$ 溶液,然后滴加 H_2O_2 溶液,观察现象,写出反应方程式。

向另一个试管中加入 $Pb(NO_3)_2$ 溶液后,滴加硫代乙酰胺溶液(硫代乙酰胺在碱中水解生成 S^{2-})和 1 滴 NaOH 溶液,生成沉淀洗净后试验其同 H_2O_2 溶液的作用,沉淀颜色发生什么变化? 写出反应方程式。

3. 过氧化氢的还原性

向试管中依次加入 3% H_2O_2 和 $1\ mol \cdot L^{-1}\ H_2SO_4$ 各 0.5 ml,滴加 0.01 $mol \cdot L^{-1}\ KMnO_4$ 溶液,观察现象,写出反应方程式。

向另一试管中依次加入 3% H_2O_2 和 $2\ mol \cdot L^{-1}$ NaOH 各 0.5 ml,加几滴 $0.1\ mol \cdot L^{-1}\ AgNO_3$ 溶液,观察现象,检查产生的气体,写出反应方程式。

4. 介质对过氧化氢氧化还原性的影响

向试管内加入少量 H_2O_2 溶液,滴加 $2\ mol \cdot L^{-1}$ NaOH 溶液至碱性后,再滴加 $MnSO_4$ 溶液,有何现象? 再用 H_2SO_4 酸化后,加入 H_2O_2 溶液又有什么变化? 写出有关反应方程式。

5. 过氧化氢的鉴定

向试管中加入 3% H_2O_2 溶液 2 ml,再加入 0.5 ml 乙醚并用 $0.1\ mol \cdot L^{-1}$ H_2SO_4 酸化,然后滴加 $K_2Cr_2O_7$ 溶液,观察生成过氧化铬的颜色。过氧化铬在酸性介质中不稳定,分解速度较快;被萃取到乙醚或戊醇中较稳定,分解速度慢。写出过氧化铬生成和分解反应的方程式。此反应也可以用来鉴定铬(Ⅵ)。

6. 过氧化氢的催化分解

往试管中加入少量 H_2O_2 溶液并微热,有什么现象? 设法验证产物。再向试管中加入少量 MnO_2 固体又有什么现象? 写出反应方程式。根据电极电势,说明哪些离子对 H_2O_2 分解起催化作用。

(八) 硫化氢和二氧化硫

1. 硫化氢的还原性

向试管中加入少量硫代乙酰胺溶液和 $1\ mol \cdot L^{-1}\ H_2SO_4$(硫代乙酰胺在酸中

水解生成 H_2S),滴加 $0.1\ mol\cdot L^{-1}\ KMnO_4$,观察实验现象,写出反应方程式。

用 $FeCl_3$、$K_2Cr_2O_7$ 等代替 $KMnO_4$ 重复上述实验,写出实验现象和化学反应方程式(氧化剂常将 H_2S 氧化为游离态硫,氧化剂过量游离态硫被缓慢氧化为硫酸)。

2. 二氧化硫的制备和性质

利用图 3-7 装置(不用加热)制备二氧化硫。在蒸馏瓶内加 3～5 g 固体 Na_2SO_3,由分液漏斗滴加浓硫酸,即有 SO_2 气体产生。分别试验 SO_2 与下列试剂作用:$KMnO_4$、H_2S 水溶液(硫代乙酰胺在酸中水解生成 H_2S)、品红溶液。观察现象,写出反应方程式,总结 SO_2 的性质。

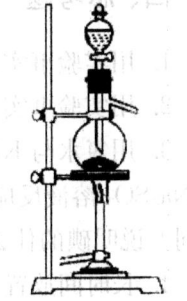

图 3-7 气体发生装置

(九) 硫代硫酸钠的制备和性质

1. 硫代硫酸钠的制备

向小烧杯内加入 30 ml 水,2 g 硫粉,4 g 亚硫酸钠固体,搅拌下煮沸约 20 min,然后加入少量活性炭脱色。过滤后,将滤液转入蒸发皿中浓缩至表面有晶体析出,用水冷却,吸滤,得 $Na_2S_2O_3\cdot 5H_2O$ 晶体。产物用少量乙醇洗一次。取少量晶体,配成几毫升溶液准备做性质实验。注意:若硫粉颗粒大活性低,生成硫代硫酸钠速度慢,最后得到产物可能很少。

2. 硫代硫酸钠的分解

取少量 $Na_2S_2O_3$ 溶液,滴加 $1\ mol\cdot L^{-1}\ HCl$ 溶液,观察现象,写出反应方程式。

3. 硫代硫酸钠的还原性

取少量 $Na_2S_2O_3$ 溶液,分别与碘水、氯水作用,并用 $BaCl_2$ 溶液对产物进行鉴定。写出反应方程式,得出什么结论?

4. 硫代硫酸钠的配合性

在 0.5 ml $AgNO_3$ 溶液中,加几滴 $Na_2S_2O_3$ 溶液,观察反应及颜色的变化。若 $Na_2S_2O_3$ 不过量,白色的 $Ag_2S_2O_3$ 沉淀在水中立刻水解,颜色由白变黄变棕,最后至黑色的硫化银:

$$Ag_2S_2O_3 + H_2O \rightleftharpoons Ag_2S + 2H^+ + SO_4^{2-}$$

在 0.5 ml $Na_2S_2O_3$ 溶液中加几滴 $AgNO_3$ 溶液,观察实验现象,写出反应式。硫代硫酸银溶于过量的 $Na_2S_2O_3$ 溶液中,形成 $Ag(S_2O_3)_2^{3-}$ 配离子。

(十) 过二硫酸盐的氧化性

向有几毫升蒸馏水的试管内加入几毫升 $1\ mol\cdot L^{-1}\ H_2SO_4$,2 滴 $0.002\ mol\cdot L^{-1}$ $MnSO_4$ 溶液和少量 $(NH_4)_2S_2O_8$ 固体。溶解后分成两份,其中一份加入 1 滴 $AgNO_3$ 溶液。然后将两份溶液一同水浴加热,观察两种溶液的颜色变化,比较两个反应的不同。

(十一) 鉴别

现有 Na_2S、Na_2SO_3、$Na_2S_2O_3$、$NaHSO_4$ 和 $K_2S_2O_8$ 五种固体。写出鉴别实验方案并进行实验。

四、思考题

1. 用实验事实说明卤素氧化性和卤离子还原性的强弱。
2. 用实验事实说明次氯酸钠和氯酸钾氧化性的强弱。
3. 用氯水与 KI 溶液反应时,如果氯水过量 CCl_4 层碘的紫色消失;用碘酸钾与 Na_2SO_3 溶液反应时,如果 Na_2SO_3 过量淀粉的蓝色也会消失。两个反应有什么不同?说明碘的什么性质?
4. 长时间放置 H_2S、Na_2S、Na_2SO_3 溶液会发生什么变化?如何判断溶液是否失效?
5. $Na_2S_2O_3$ 溶液和 $AgNO_3$ 溶液反应,试剂的用量不同产物有什么不同?
6. H_2O_2 作氧化剂和还原剂的产物是什么?用电极电势解释 MnO_2 和 Fe^{3+} 对 H_2O_2 分解反应的影响及酸性溶液 H_2O_2 也不能氧化 Mn^{2+} 生成 MnO_4^- 的原因。
7. 实验室为什么经常用固体过二硫酸盐而不配成溶液?
8. 过二硫酸盐在酸性介质中将 Mn^{2+} 氧化为高 MnO_4^- 的反应条件是什么?

实验十二 过渡金属元素(铁、钴、镍、铬)

一、实验目的

1. 试验并掌握二价铁、钴、镍的还原性和三价铁、钴、镍的氧化性。
2. 试验并掌握铁、钴、镍配合物的生成及性质。
3. 掌握铁、钴、镍离子的鉴定方法。
4. 掌握铬化合物的氧化还原性,以及各种氧化态间的转化及条件。

二、仪器和药品

(1) 仪器 试管;试管夹;试管架;酒精灯。
(2) 药品 $K_4[Fe(CN)_6]$;$K_3[Fe(CN)_6]$;$FeSO_4$(0.2 mol·L^{-1});$FeCl_3$(0.2 mol·L^{-1});$CoSO_4$(0.2 mol·L^{-1});$NiSO_4$(0.5 mol·L^{-1});$CoCl_2$(0.2 mol·L^{-1},2 mol·L^{-1});KSCN(0.5 mol·L^{-1},饱和);KNO_3(饱和);$ZnSO_4$(0.2 mol·L^{-1});$KMnO_4$(0.01 mol·L^{-1});NH_4F(0.5 mol·L^{-1});H_2O_2(3%);邻二氮菲溶液;乙二胺(20%);丁二酮肟溶液;丙酮;溴水;CCl_4;$NH_3·H_2O$(1:1,

浓);NaOH(0.2 mol·L^{-1},6 mol·L^{-1});HCl(浓);H$_2$SO$_4$(0.2 mol·L^{-1});HAc(6 mol·L^{-1});NH$_4$F 固体;(NH$_4$)$_2$SO$_4$·FeSO$_4$·6H$_2$O 固体;KI;NH$_4$Cl 固体;NaNO$_2$ 固体;FeCl$_3$ 固体;AgNO$_3$ 固体;Pb(NO$_3$)$_2$;BaCl$_2$;Cr$_2$(SO$_4$)$_3$(饱和);K$_2$Cr$_2$O$_7$(0.1 mol·L^{-1},饱和);K$_2$CrO$_4$(0.5 mol·L^{-1});FeSO$_4$(0.2 mol·L^{-1});Na$_2$S(0.5 mol·L^{-1});Na$_2$CO$_3$(0.5mol·L^{-1});Na$_2$SO$_3$(0.2 mol·L^{-1});H$_2$O$_2$(6%);H$_2$SO$_4$(3 mol·L^{-1},6 mol·L^{-1},浓);HNO$_3$(6 mol·L^{-1});NH$_3$·H$_2$O(2 mol·L^{-1});(NH$_4$)$_2$Cr$_2$O$_7$ 固体;CrCl$_3$ 固体。

三、实验内容

(一)二价化合物的还原性

1. 酸性介质

在少量 FeSO$_4$,CoSO$_4$,NiSO$_4$ 溶液的试管中分别滴加溴水,用 CCl$_4$ 萃取法证明反应是否发生,并根据标准电极电势加以说明。

2. 碱性介质

向试管中加入约 2 ml 蒸馏水和几滴稀 H$_2$SO$_4$,煮沸以赶尽其中的氧气,然后加入少量的(NH$_4$)$_2$Fe(SO$_4$)$_2$·6H$_2$O 晶体;向另一试管中加入约 1 ml 6 mol·L^{-1} NaOH 溶液,煮沸赶尽空气,冷却。用滴管吸取该 NaOH 溶液,插入硫酸亚铁铵溶液内至试管底部并慢慢放出 NaOH,观察生成物的颜色和状态。振荡放置后又有什么变化?写出反应方程式。

向 0.2 mol·L^{-1}CoCl$_2$ 和 NiSO$_4$ 溶液中分别滴加 NaOH 溶液,观察沉淀的生成和颜色,然后都加热,观察沉淀是否发生变化?写出反应式。

由实验事实比较二价铁、钴、镍还原性的强弱。

(二)三价化合物的氧化性

1. 三价氢氧化物的生成

在少量 FeSO$_4$ 和 CoSO$_4$ 溶液中各加入适量 NaOH 溶液,滴加少量 3% H$_2$O$_2$ 溶液,离心分离,分别得 Fe(OH)$_3$ 和 Co(OH)$_3$ 沉淀。写出相关的反应式。

在少量 NiSO$_4$ 溶液中加入适量 NaOH 溶液,滴加少量溴水,离心分离,得 Ni(OH)$_3$ 沉淀。写出反应式。

2. 氧化性

(1) Fe(Ⅲ)的氧化性

将 Fe(OH)$_3$ 分成两份,向其中一份加入浓 HCl,检查是否有氯气生成?向另一份 Fe(OH)$_3$ 中加入 2 mol·L^{-1}H$_2$SO$_4$ 溶液至沉淀溶解后,加入 1 滴 KI 溶液并检验是否有 I$_2$ 生成。写出实验现象和反应式。

(2) Co(Ⅲ)和 Ni(Ⅲ)的氧化性(在通风橱中进行)

分别向 Co(OH)$_3$ 和 Ni(OH)$_3$ 试管中滴加少量浓 HCl 溶液,观察实验现象,

检验是否有 Cl_2 生成。加少量水稀释后有什么现象发生?写出相关的反应式。

(三) 配合物的生成与离子鉴定

1. Fe(Ⅱ)配合物

(1) Fe^{2+} 与 $K_3[Fe(CN)_6]$ 的反应

取少量 $(NH_4)_2Fe(SO_4)_2$ 溶解后加 1 滴 $K_3[Fe(CN)_6]$ 溶液,观察产物的颜色和状态,该反应可证明二价铁的存在:

$$Fe^{2+} + K^+ + Fe(CN)_6^{3-} = K[FeFe(CN)_6] \downarrow 蓝$$

(2) 与邻菲啰啉的反应

Fe^{2+} 与邻菲啰啉在酸性条件下生成橙红色可溶性配合物,由此可鉴定 Fe^{2+}:

$$Fe^{2+} + 3 \text{(邻菲啰啉)} \rightleftharpoons [Fe(\text{邻菲啰啉})_3]^{2+} \text{ 橙红色}$$

2. Fe(Ⅲ)的配合物

(1) 与 $K_4[Fe(CN)_6]$ 反应

在少量 $FeCl_3$ 溶液试管中滴加 1 滴 $K_4[Fe(CN)_6]$ 溶液,观察产物的颜色和状态,该反应可鉴定 Fe^{3+}:

$$Fe^{3+} + K^+ + Fe(CN)_6^{4-} = K[FeFe(CN)_6] \downarrow 蓝$$

(2) 与 SCN^- 生成配合物及其稳定性

取 1 滴 $FeCl_3$ 溶液加少量水稀释后滴加 1 滴 $0.5 mol \cdot L^{-1}$ KSCN 溶液,观察溶液的颜色变化。再加入少量 NH_4F 溶液,观察溶液的颜色变化。根据 $K_稳$ 求新的平衡常数,说明变化的原因。

3. 钴的配合物

(1) 氨配合物

向少量 $0.2 \, mol \cdot L^{-1}$ $CoCl_2$ 溶液中滴加浓氨水,观察沉淀的生成和颜色,放置后颜色又有什么变化?再滴加浓氨水至沉淀溶解,观察配合物的颜色,放置后溶液的颜色有何变化?

$$Co^{2+} + 2NH_3 + 2H_2O = Co(OH)_2 \downarrow + 2NH_4^+$$
$$Co(OH)_2 + 6NH_3 = Co(NH_3)_6^{2+} + 2OH^-$$
$$2Co(NH_3)_6^{2+} + O_2 + 2H_2O = 2Co(NH_3)_6^{3+} + 4OH^-$$

(2) $Co(SCN)_4^{2-}$ 的生成与性质

向少量 $0.2 \, mol \cdot L^{-1}$ $CoCl_2$ 溶液中加入少量丙酮(或戊醇),再滴加饱和

KSCN 溶液,观察蓝色的 $Co(SCN)_4^{2-}$ 的生成。再滴加浓氨水,观察颜色有何变化? 根据 $K_稳$ 求新的平衡常数,解释变化的原因。

(3) $CoCl_4^{2-}$ 的生成和性质

在少量 2 mol·L^{-1} $CoCl_2$ 溶液中滴加浓盐酸,观察蓝色 $CoCl_4^{2-}$ 的生成,再加入水稀释时,溶液的颜色又有什么变化? 解释观察到的实验现象。

在试管中加入 2 mol·L^{-1} $CoCl_2$,将试管在酒精灯上小火加热,观察溶液的颜色变化,解释实验现象。

(4) $K_3[Co(NO_2)_6]$ 的生成

在少量 $CoCl_2$ 溶液中加入 6 mol·L^{-1} 醋酸酸化,再加入饱和 KNO_2 溶液,微热有黄色的 $K_3[Co(NO_2)_6]$ 析出,本反应可鉴定 Co^{2+} 和 K^+。

4. 镍的配合物

(1) 氨的配合物

在少量 0.5 mol·L^{-1} $NiSO_4$ 溶液中滴加 1∶1 氨水,观察沉淀的颜色,继续滴加氨水使沉淀溶解,观察配合物的颜色。

将溶液分成三份,分别滴加 2 mol·L^{-1} NaOH、2 mol·L^{-1} H_2SO_4 并加热,各有什么变化?

(2) 乙二胺配合物

在 0.5 mol·L^{-1} $NiSO_4$ 溶液中滴加 20% 乙二胺(en),溶液先变蓝,最后为紫红色溶液 $Ni(en)_3^{2+}$。

(3) Ni^{2+} 的鉴定

在 1 滴 0.5 mol·L^{-1} $NiSO_4$ 溶液中加 1 滴 1∶1 氨水,然后加几滴丁二酮肟(镍试剂)的酒精溶液,观察二丁二酮肟合镍(Ⅱ)的生成,写出实验现象和反应方程式。

此反应可用于鉴定 Ni^{2+}。

(四) 离子的分离和鉴定

1. 有 Fe^{2+},Co^{2+},Zn^{2+},Cr^{3+},Al^{3+} 混合溶液,选择试剂分离后进行鉴定。设计实验方案,写出实验步骤、实验现象和反应方程式。

2. 有一固体混合物可能含有 $FeCl_3$,$NaNO_3$,$AgNO_3$,NaF,$CuCl_2$,NH_4Cl。设计实验方案进行鉴定,写出实验步骤、实验现象和反应方程式。

(五) 三价铬化合物

1. $Cr(OH)_3$ 的生成和性质

在少量 $CrCl_3$ 溶液中滴加 6 mol·L^{-1} NaOH 溶液,观察沉淀的生成和颜色。继续滴加 NaOH 溶液至沉淀全部溶解,观察溶液的颜色。写出反应式。

2. 盐的水解

用少量的 $CrCl_3$ 溶液分别与 Na_2S 溶液、Na_2CO_3 溶液作用,观察产物的颜色与状态,设法证明产物是 $Cr(OH)_3$,而不是 Cr_2S_3 和 $Cr_2(CO_3)_3$。

3. 铬钾矾的制备

在试管中加入 3 ml $Cr_2(SO_4)_3$ 饱和溶液,再按制备 3 ml 饱和 K_2SO_4 溶液所需量加入固体 K_2SO_4,水浴加热后,放置冷却,观察铬钾矾的生成和颜色,写出反应式。

4. 三价铬的还原性

在少量 $CrCl_3$ 溶液中滴加 6 mol·L^{-1} NaOH 溶液至生成的沉淀全部溶解,滴加少量 6% H_2O_2 溶液,观察实验现象,写出反应式。

(六) 六价铬化合物

1. 氧化性

(1) $(NH_4)_2Cr_2O_7$ 热分解

在一干燥试管中加入少量 $(NH_4)_2Cr_2O_7$ 固体热分解,观察实验现象及产物的颜色。写出反应式。

(2) $K_2Cr_2O_7$ 的氧化性

在硫酸酸化条件下,分别使 $K_2Cr_2O_7$ 溶液与 KI、Na_2SO_3、$FeSO_4$ 溶液作用,观察实验现象,写出反应式。

2. CrO_5 的生成与不稳定性

在 5 滴 $K_2Cr_2O_7$ 溶液中加入 2 滴 3 mol·L^{-1} H_2SO_4 溶液,然后滴加 5 滴 6% H_2O_2 溶液,观察溶液的颜色变化。再加约 0.5 ml 戊醇并振荡,观察戊醇层和溶液中的颜色差别,再滴加过量 H_2SO_4 溶液,又会有什么现象出现?

$$Cr_2O_7^{2-} + 4H_2O_2 + 2H^+ = 2CrO_5 + 5H_2O$$

蓝色的 CrO_5 在水溶液中稳定性差,萃取到乙醚或戊醇中后分解较慢。若 H_2SO_4 的浓度较大时,CrO_5 分解速度更快。若 $K_2Cr_2O_7$ 和 H_2SO_4 浓度都较大,则戊醇层为深蓝色,水层逐渐变为绿色(Cr^{3+} 浓度较大)。

3. CrO_4^{2-} 与 $Cr_2O_7^{2-}$ 的互相转化和 CrO_3 的生成

选择试剂:K_2CrO_4 溶液、6 mol·L^{-1} H_2SO_4、2 mol·L^{-1} $K_2Cr_2O_7$ 溶液。

试验 CrO_4^{2-} 和 $Cr_2O_7^{2-}$ 的互相转化,写出颜色变化和平衡关系式。

在 K_2CrO_4 饱和溶液中滴加浓 H_2SO_4,观察 CrO_3 红色晶体的析出,写出反应式。

4. 难溶盐

分别试验 K_2CrO_4 与 $AgNO_3$,$BaCl_2$,$Pb(NO_3)_2$ 溶液的反应,观察沉淀的颜色。试验沉淀与 6 mol·L^{-1} NaOH 溶液和 6 mol·L^{-1} HNO_3 溶液的反应。观察实验现象并写出反应式。

四、思考题

1. 在碱性介质中氯水能把二价钴氧化成三价,而在酸性介质中三价钴能把氯离子氧化成氯气,两者是否矛盾?为什么?

2. 解释下列现象,写出反应式:

(1) Fe^{3+} 能把 I^- 氧化成 I_2,而 $Fe(CN)_6^{3-}$ 则不能。

(2) $Fe(CN)_6^{4-}$ 能把 I_2 还原为 I^-,而 Fe^{2+} 则不能。

3. 结合实验讨论 Cr^{3+} 与 $Cr_2O_7^{2-}$ 互相转化的条件,并说明在转化过程中用 H_2O_2 作氧化剂时应注意什么。

实验十三　配位化合物的性质

一、实验目的

1. 掌握配离子与简单离子的区别。
2. 比较配合物的稳定性,了解螯合物的概念。
3. 了解配合平衡与酸碱平衡、沉淀溶解平衡、氧化还原平衡的关系。

二、基本原理

配位化合物(coordination compound)简称配合物,也叫络合物,为一类具有特征化学结构的化合物,由中心原子或离子(统称中心原子)与围绕它的分子或离子(称为配位体,简称配体)完全或部分通过配位键结合形成的化合物。配位化合物由内界和外界两部分组成。中心离子和配位体组成配位化合物内界,其余离子为外界。如在 $[Co(NH_3)_6]Cl_3$ 中,中心离子 Co^{3+} 和配位体 NH_3 组成内界,三个 Cl^- 处于外界。在水溶液中内、外界之间全部解离,如 $[Co(NH_3)_6]Cl_3$ 在水溶液中全部解离为 $Co(NH_3)_6^{3+}$ 和 Cl^- 两种离子。$Co(NH_3)_6^{3+}$ 存在如下解离平衡:

$$Co(NH_3)_6^{3+} \rightleftharpoons Co^{3+} + 6NH_3$$

配合物越稳定,解离出 Co^{3+} 的浓度就越小。

每种配离子都存在配合与解离平衡,它的稳定性可用 $K_稳$ 来表示,$K_稳$ 越大配合物越稳定。如:

$$Cu^{2+} + 4NH_3 \rightleftharpoons Cu(NH_3)_4^{2+}$$

$$K_稳 = \frac{[Cu(NH_3)_4^{2+}]}{[Cu^{2+}][NH_3]^4} = 2.09 \times 10^{13}$$

改变中心离子或配体的浓度会使配合平衡发生移动,溶液的酸度、生成沉淀、发生氧化还原反应等,都有可能使配合平衡发生移动。

根据配合-解离平衡,一种配合物可以生成更稳定的配合物。

螯合物也称内配合物,它是中心与多基配体生成的配合物,因为配体与中心之间键合形成封闭的环,因而称为螯合物。多基配体即螯合剂多为有机配体。螯合物的稳定性与它的环状结构有关,一般来说五元环、六元环比较稳定。形成环的数目越多越稳定。

三、仪器和药品

(1) 仪器　试管。

(2) 药品　$FeCl_3$;$FeSO_4$;$Fe_2(SO_4)_3$;$CrCl_3$;$AgNO_3$;$NaCl$;KBr;KI;$K_3[Fe(CN)_6]$;$K_4[Fe(CN)_6]$;EDTA;$Hg(NO_3)_2$(0.2 mol·L^{-1});$CoCl_2$(2 mol·L^{-1});$NiSO_4$(0.2 mol·L^{-1});$CuSO_4$(0.5 mol·L^{-1});KSCN(0.5 mol·L^{-1},25%);NH_4F(0.5 mol·L^{-1});$(NH_4)_2C_2O_4$(饱和);$Na_2S_2O_3$(0.5 mol·L^{-1});NaOH(2 mol·L^{-1});HCl(6 mol·L^{-1});$NH_3·H_2O$(mol·L^{-1});CCl_4;乙醇(95%);碘水;丁二酮肟乙醇溶液;$(NH_4)_2SO_4·FeSO_4·6H_2O$ 固体;$SnCl_2$ 固体。

四、实验内容

(一) 配离子和简单离子性质的比较

1. Hg^{2+} 与 HgI_4^{2-}

在试管中滴加几滴 $Hg(NO_3)_2$ 溶液,再加 1 滴 2 mol·L^{-1} NaOH 溶液,观察沉淀的生成及颜色。写出反应式。

在试管中滴加几滴 $Hg(NO_3)_2$ 溶液,再逐滴加入 KI 溶液,观察沉淀的生成及颜色。继续滴加 KI 溶液至沉淀溶解,再加 1 滴 2 mol·L^{-1} NaOH 溶液,有无沉淀生成,为什么?

2. Fe^{2+} 与 $Fe(CN)_6^{4-}$

在少量 $FeSO_4$ 溶液的试管中加 1 滴 2 mol·L^{-1} NaOH 溶液,观察沉淀的生成。

在少量 $K_4[Fe(CN)_6]$ 溶液的试管中加 1 滴 2 mol·L^{-1} NaOH 溶液,观察有无沉淀生成。

3. 复盐$(NH_4)_2SO_4·FeSO_4·6H_2O$ 的性质

将少量$(NH_4)_2SO_4·FeSO_4·6H_2O$ 固体放入烧杯中,加水溶解后,用 NaOH 溶液检验 Fe^{2+} 和 NH_4^+(气室法)的存在。

由实验结果说明简单离子与配离子、复盐与配合物有什么不同。

(二) 配合平衡的移动

1. 配合平衡与配合平衡

(1) 取几滴 $Fe_2(SO_4)_3$ 滴入试管中,加入几滴 6 mol·L^{-1} HCl 溶液,观察溶液颜色有什么变化?再加 1 滴 0.5 mol·L^{-1} KSCN 溶液,颜色又有什么变化? 然后向溶液中滴加 0.5 mol·L^{-1} NH_4F 至溶液颜色完全褪去。由溶液颜色变化比较三种配离子的稳定性。

(2) 取几滴 $CoCl_2$ 溶液滴入试管中,滴加 25% KSCN 溶液,加入少量丙酮,观察溶液的颜色变化;再加 1 滴 $Fe_2(SO_4)_3$ 溶液,溶液的颜色又有什么变化?由溶液的颜色变化比较 Co^{2+} 和 Fe^{3+} 与 SCN^- 生成配离子的相对稳定性。根据查表得到的 $K_稳$ 值,求平衡常数 K。

2. 配合平衡与酸碱平衡

(1) 在 $Fe_2(SO_4)_3$ 与 NH_4F 生成的配离子 FeF_6^{3-} 中滴加 2 mol·L^{-1} NaOH 溶液,观察沉淀的生成和颜色的变化。写出反应方程式并根据平衡常数加以说明。

(2) 取 2 滴 $Fe_2(SO_4)_3$ 溶液滴入试管中,加入 10 滴饱和的 $(NH_4)_2C_2O_4$ 溶液,溶液的颜色有什么变化?然后加几滴 0.5 mol·L^{-1} KSCN 溶液,溶液的颜色有无变化?再逐滴加入 6 mol·L^{-1} HCl,观察溶液的颜色变化。写出反应方程式。

3. 配合平衡与沉淀溶解平衡

在试管中加入少量 $AgNO_3$ 溶液,滴加 NaCl 溶液,有何现象?滴加 6 mol·L^{-1} $NH_3·H_2O$ 至沉淀消失后,滴加 KBr 溶液,有何现象?再滴加 $Na_2S_2O_3$ 溶液至沉淀刚好消失,改加 KI 溶液,观察沉淀的颜色。根据实验现象,写出离子反应方程式。用 $K_{sp}^\ominus$ 和 $K_稳^\ominus$ 加以说明。

4. 配合平衡与氧化还原平衡

(1) 在少量 CCl_4 的试管中加几滴 $FeCl_3$,滴加 0.5 mol·L^{-1} NH_4F 至溶液呈无色,再加几滴 KI 溶液,振荡试管,观察 CCl_4 层颜色。可与同样操作不加 NH_4F 溶液的实验相比较,并根据电极电势加以说明。

(2) 向有少量 CCl_4 的两支试管中各加 1 滴碘水后,向一试管中滴加 $FeSO_4$ 溶液,向另一试管中滴加 $K_4[Fe(CN)_6]$ 溶液,观察两支试管现象有什么不同?写出反应方程式。

(3) 在几滴 $FeCl_3$ 溶液中加几滴 6 mol·L^{-1} HCl,加 1 滴 KSCN 溶液,再加入少许 $SnCl_2$ 固体。观察溶液的颜色变化,写出反应方程式并加以解释。

(三) 配合物的生成

向试管中加 0.5 ml 0.5 mol·L^{-1} $CuSO_4$ 溶液,逐滴加入 6 mol·L^{-1} $NH_3·H_2O$ 至生成的沉淀消失,向溶液中加入少量 95% 的乙醇,摇匀静止,便有硫酸四氨合铜晶体析出。用乙醇洗净晶体,设法确定配合物内界、外界、中心离子和配位体。

(四) 螯合物的生成

1. 二丁二酮肟合镍(Ⅱ)的生成

在试管中加入 1 滴 $NiSO_4$ 溶液和 3 滴 6 mol·L^{-1} $NH_3·H_2O$,再加几滴丁二酮肟的乙醇溶液,则有二丁二酮肟合镍(Ⅱ)鲜红色沉淀生成:

$$2\ \begin{matrix} H_3C-C=N-OH \\ | \\ H_3C-C=N-OH \end{matrix} + Ni^{2+} \Longrightarrow \begin{matrix} & O-H\cdots O & \\ H_3C-C=N & N=C-CH_3 \\ | & \diagdown\!\diagup & | \\ & Ni & \\ | & \diagup\!\diagdown & | \\ H_3C-C=N & N=C-CH_3 \\ & O\cdots H-O & \end{matrix}$$

2. 铁离子与 EDTA 配离子的生成

向试管中加入几滴 $0.1\ \text{mol·L}^{-1}\ FeCl_3$，滴加 KSCN 溶液后，加 NH_4F 溶液至无色。然后滴加 $0.1\ \text{mol·L}^{-1}$ EDTA 溶液，观察溶液颜色的变化并加以说明。EDTA 与 Fe^{3+} 生成的螯合物有五个五元环。反应可简写为：

$$Fe^{3+} + H_2Y^{2-} \Longrightarrow FeY^- + 2H^+$$

（五）配合物的水合异构现象

1. 在试管中加入约 1 ml $CrCl_3$ 溶液，水浴加热，观察溶液变为绿色。然后将溶液冷却，溶液又变为蓝紫色：

$$\underset{\text{紫色}}{Cr(H_2O)_6^{3+}} + 2Cl^- \Longrightarrow \underset{\text{绿色}}{Cr(H_2O)_4Cl_2^+} + 2H_2O$$

2. 在试管中加入约 1 ml $2\ \text{mol·L}^{-1}\ CoCl_2$ 溶液，将溶液加热，观察溶液变为蓝色，然后将溶液冷却，溶液又变为红色：

$$\underset{\text{红色}}{Co(H_2O)_6^{2+}} + 4Cl^- \Longrightarrow \underset{\text{蓝色}}{CoCl_4^{2-}} + 6H_2O$$

若实验现象不明显，可向试管中加入少许 $CoCl_2$ 固体或浓盐酸，以提高 Cl^- 浓度。

五、思考题

1. 举例说明影响配合平衡的因素有哪些。
2. 用实验事实说明氧化型与还原型生成配离子后其氧化还原能力如何变化。
3. 根据实验结果比较配体 SCN^-，F^-，Cl^-，$C_2O_4^{2-}$，EDTA 等对 Fe^{3+} 的配位能力。

实验十四 阿司匹林的制备及纯度测定

一、实验目的

1. 学习重结晶方法之一——溶剂极性调整。

2. 学习返滴定方法。
3. 自行设计酸碱标定步骤与酸碱对滴比的步骤。

二、实验原理

阿司匹林,即乙酰水杨酸,通过以下反应:

$$\text{(CH}_3\text{CO)}_2\text{O} + 2\, \text{C}_6\text{H}_4(\text{OH})(\text{COOH}) \longrightarrow 2\, \text{C}_6\text{H}_4(\text{COOH})(\text{OCOCH}_3) + \text{H}_2\text{O}$$

合成,用乙醇和水析晶,并进行重结晶。

乙酰水杨酸含量可用酸碱滴定法测定,乙酰水杨酸的 $pK_a=3.0$,摩尔质量为 180.16 g·mol^{-1}。由于它的 pK_a 较大,按理可进行直接滴定,但随着被滴定溶液的 pH 增大,它的乙酰基会缓慢发生水解,为防止它的乙酰基水解,可在中性的乙醇中进行滴定。但从经济角度而言,乙醇远远地比蒸馏水贵,常改用返滴定方式进行:

先加过量的 NaOH 标准溶液,使它发生以下反应:

$$\text{C}_6\text{H}_4(\text{COOH})(\text{OCOCH}_3) + 3\text{OH}^- \longrightarrow \text{C}_6\text{H}_4(\text{COO}^-)(\text{O}^-) + \text{CH}_3\text{COO}^- + 2\text{H}_2\text{O}$$

然后再以酚酞作指示剂,用标准盐酸溶液返滴定至粉红变无色为终点。由于酚酞无色时的 pH=8.0,而水杨酸的 $pK_{a1}=2.6$、$pK_{a2}=11.6$,乙酸的 $pK_a=4.74$,请考虑返滴定时发生了什么反应?

三、仪器和药品

(1) 仪器 (略)

(2) 药品 水杨酸(固体);乙酸酐(密度 1.08 g/ml);乙醇(95%);NaOH 标准溶液(0.5 mol·L^{-1});HCl 标准溶液(0.1 mol·L^{-1});酚酞指示剂(0.2%乙醇液);H_3PO_4;$H_2C_2O_4 \cdot 2H_2O$。

四、实验内容

1. 乙酰水杨酸的合成

称取 2.67 g 水杨酸置于 50 ml 磨口锥形瓶中,加入 5.10 g 乙酸酐,5～7 滴浓磷酸,小心振摇混匀,加入 1～2 粒沸石,装上球型冷凝管在 80℃ 左右的水浴中加热并保温 15 min。取出锥形瓶,边摇边滴加 1 ml 冷蒸馏水,然后快速加入 20 ml 冷蒸馏水,立即进入冰浴冷却。若无晶体或出现油状物,可用玻棒摩擦内壁(注意必须在冰水浴中进行)。待晶体完全析出后用布氏漏斗抽滤,用少量冰蒸馏水分两次洗涤锥形瓶后,再洗涤晶体,抽干。

晶体放入原磨口锥形瓶中,加入 10 ml 95%乙醇及 1~2 颗沸石,接上冷凝管在水浴中加热溶解后,移去火源,取下锥形瓶,滴入冷蒸馏水至沉淀析出,再加入 2 ml 冷蒸馏水,析出完全后,抽滤,以少量冷蒸馏水洗涤晶体两次,抽干,取出晶体,用滤纸压干,移入干的小烧杯中,于 80 ℃干燥箱中干燥 40 min 后,冷却,称重。

2. 乙酰水杨酸含量测定

(1) 自行设计以酚酞作指示剂,用 $H_2C_2O_4 \cdot 2H_2O$ 标定 $0.5\ mol \cdot L^{-1}$ NaOH 溶液的实验步骤。

(2) 自行设计 HCl 与 NaOH 对滴比的实验步骤。

(3) 乙酰水杨酸含量测定

称取水杨酸适量(要求返滴定的盐酸用量为 10 ml 左右),置于 250 ml 锥形瓶中,准确加入 50.00 ml NaOH 标准溶液,放入数粒沸石加热煮沸 15 min,冷却,移入 250 ml 容量瓶中,以水稀至刻度,摇匀。

移取 20.00 ml 上液于 250 ml 锥形瓶中,加入蒸馏水 50 ml,酚酞指示剂 2 滴,以盐酸标准溶液滴至酚酞变无色为终点,记录体积。重复两次(要求极差不超过 0.10 ml)。

五、思考题

1. 在乙酰水杨酸重结晶时,滴加水的标准是什么?为什么这样做?
2. 计算乙酰水杨酸含量的表达式。
3. 用返滴定法测定乙酰水杨酸含量时,1 mol 乙酰水杨酸实际消耗氢氧化钠的物质的量是多少?以计算结果说明原因。
4. 进行测定盐酸与氢氧化钠对滴比时,是否可以甲基橙作指示剂?将会对测定引入什么不利因素?如用甲基橙作指示剂,则 NaOH 溶液应该怎样处理?
5. 若测定水杨酸含量,用直接滴定法就可以了,为什么?

第四章 综合设计实验

实验十五 硫酸铜的制备及结晶水的测定

一、实验目的

1. 掌握制备硫酸铜的方法。
2. 练习减压过滤、蒸发浓缩和重结晶基本操作。
3. 学习研钵、干燥器等仪器的使用和加热、恒重等基本操作。
4. 了解结晶水合物中结晶水含量的测定原理和方法。

二、实验原理

五水硫酸铜俗名胆矾或蓝矾,溶于水和氨水,难溶于乙醇。用作纺织品的触媒剂、农业杀虫剂、水的杀菌剂。本实验以粗 CuO 为原料,制备 $CuSO_4 \cdot 5H_2O$。主要反应为

$$CuO + H_2SO_4 =\!=\!= CuSO_4 + H_2O$$

由于粗 CuO 是由工业废铜、废电线及废铜合金高温焙烧而成,混有不少杂质,主要是铁的氧化物如 Fe_2O_3 及泥沙等,上述反应所得 $CuSO_4$ 溶液中常含有不溶性杂质和可溶性杂质 $FeSO_4$、$Fe_2(SO_4)_3$ 及其他重金属盐等。Fe^{2+} 离子需用氧化剂 H_2O_2 溶液氧化为 Fe^{3+} 离子,然后调节溶液 pH≈4.0,并加热煮沸,使 Fe^{3+} 离子水解为 $Fe(OH)_3$ 沉淀滤去。其反应式为

$$2Fe^{2+} + 2H^+ + H_2O_2 =\!=\!= 2Fe^{3+} + 2H_2O$$
$$Fe^{3+} + 3H_2O =\!=\!= Fe(OH)_3 \downarrow + 3H^+$$

$CuSO_4 \cdot 5H_2O$ 在水中的溶解度,随温度的升高而明显增大,因此粗硫酸铜中的其他杂质,可通过重结晶法使杂质留在母液中,从而得到较纯的蓝色水合硫酸铜晶体。水合硫酸铜在不同的温度下可以逐步脱水,其反应式为

$$CuSO_4 \cdot 5H_2O =\!=\!= CuSO_4 \cdot 3H_2O + 2H_2O$$
$$CuSO_4 \cdot 3H_2O =\!=\!= CuSO_4 \cdot H_2O + 2H_2O$$
$$CuSO_4 \cdot H_2O =\!=\!= CuSO_4 + H_2O$$

1 mol $CuSO_4$ 结合的结晶水的数目为 $\dfrac{n_{H_2O}}{n_{CuSO_4}}$。

三、仪器和药品

(1) 仪器　台秤;瓷坩埚;酒精灯;烧杯(50 ml);布氏漏斗;吸滤瓶;精密 pH 试纸;蒸发皿;表面皿;水浴锅;量筒(10 ml);玻璃棒;石棉网;铁架台;干燥器;滤纸。

(2) 药品　CuO(工业级);H_2SO_4(3 mol·L^{-1}),H_2O_2(3%),$NH_3·H_2O$(2 mol·L^{-1});无水乙醇。

四、实验内容

1. $CuSO_4·5H_2O$ 的制备

称取 4 g 粗 CuO 放入 50 ml 小烧杯中,加入 17 ml 3 mol·L^{-1} H_2SO_4(按 CuO 转化率 80% 估算),微热使之溶解(注意保持液面一定高度)。5 min 后,加入 20 ml 水,继续加热 20 min,加热过程中要注意不断地补充水,使溶液体积保持在 50 ml 左右。趁热过滤,将溶液转入蒸发皿中,小火加热,蒸发浓缩至表面出现晶膜,冷却结晶,抽滤,将晶体吸干,称量。保存作精制用。

2. 粗硫酸铜的提纯

在粗 $CuSO_4$ 中加入 40 ml 去离子水,加热溶解,冷却,滴加 3 ml 3% H_2O_2,同时在不断搅拌下滴加 2 mol·L^{-1} $NH_3·H_2O$ 至溶液的 pH 为 3.5~4.0(精密 pH 试纸),再加热 10 min 后,趁热抽滤,滤液转入蒸发皿中,滴加 2 mol·L^{-1} H_2SO_4,调节溶液的 pH 至 1~2,然后水浴加热,蒸发浓缩至液面出现晶膜为止。让其自然冷却至室温有晶体析出(如无晶体,再继续蒸发浓缩),减压过滤,用 3 ml 无水乙醇淋洗,抽干。产品转至表面皿上,用滤纸吸干后称重,计算产率。

3. 硫酸铜结晶水的测定

在分析天平上精确称量干燥洁净并已恒重的瓷坩埚的质量(m_1)。然后向坩埚中加约 2 g 自制的精制的硫酸铜晶体,再准确称量(m_2),记录数据。多余的硫酸铜晶体统一回收。

把盛有硫酸铜晶体的瓷坩埚放在石棉网上,用酒精灯慢慢小心加热(防止液体溅出),直到硫酸铜晶体的蓝色完全变白,且不再逸出水蒸气为止。然后把瓷坩埚放到干燥器中冷却。待瓷坩埚在干燥器里冷却至室温,取出迅速在分析天平上精确称量,并记录数据。把盛有无水硫酸铜的瓷坩埚再加热,放在干燥器里冷却后再称量(m_3),直至恒重(两次称量之差不超过 1 mg),记录数据。

根据加热前后的质量变化即可求得硫酸铜中结晶水的含量。

五、数据记录及数据处理(表4-1)

表4-1 实验数据记录及处理

坩埚的质量	(m_1)(g)	
坩埚+硫酸铜的质量	加热前(m_2)(g)	
	加热后(m_3)(g)	
无水硫酸铜的质量	(m_3-m_1)(g)	
结晶水的质量	(m_2-m_3)(g)	
$\dfrac{n_{H_2O}}{n_{CuSO_4}}$	水合硫酸铜的化学式	

六、思考题

1. 如何计算硫酸铜晶体的理论产量?
2. CuO 与 H_2SO_4 反应结束后,为什么要趁热过滤?
3. 常压过滤操作中应注意什么?
4. 下列情况对测定硫酸铜结晶水含量的准确性有何影响?
(1) 硫酸铜晶体未晾干。
(2) 不小心将坩埚中的硫酸铜晶体撒出。
(3) 加热脱水后的硫酸铜没有放在干燥器中冷却。
(4) 蓝色硫酸铜晶体未全部变成白色,就停止加热,并冷却称量。

实验十六 离子交换法制备去离子水及水质检验

一、实验目的

1. 了解离子交换法制备纯水的基本原理。
2. 掌握水质检验的原理和方法。
3. 学习电导率仪的使用。
4. 掌握离子交换树脂的操作方法。

二、仪器和药品

(1) 仪器 电导率仪;高位水槽(或自来水管);滴定管夹;滴定台;碱式滴定管;止水夹;玻璃纤维;洗瓶;玻璃棒;T形管;乳胶管;烧杯;锥形瓶;试管等。
(2) 药品 NaOH;钙试剂;镁试剂;HNO_3(2 mol·L^{-1});$AgNO_3$(0.1 mol·L^{-1});

$BaSO_4$(1 mol·L^{-1})。

三、基本原理

天然水的净化方法有蒸馏法、电渗析法、离子交换法等。

离子交换法制备纯水是使自来水通过离子交换柱(内装离子交换树脂),除去杂质离子,达到净化的目的。

离子交换树脂是一种难溶性的高分子聚合物,对酸、碱及一般有机溶剂稳定。它具有网状骨架结构。在其骨架上含有许多可与溶液中的离子起交换作用的"活性基团"。根据树脂可交换活性基团的不同,可将离子交换树脂分为阳离子交换树脂和阴离子交换树脂。

(1) 阳离子交换树脂

树脂中的活性基团可与溶液中的阳离子进行交换,如 $R-SO_3^- H^+$、$R-COO^- H^+$,R 表示树脂中网状结构的骨架部分。活性基团中含有 H^+,可与溶液中的阳离子交换的阳离子交换树脂称为酸性阳离子交换树脂或 H 型阳离子交换树脂。按活性基团酸性强弱的不同,又分为强酸性、弱酸性离子交换树脂。例如 $R-SO_3H$ 为强酸性离子交换树脂(如国产"732"树脂);$R-COOH$ 为弱酸性离子交换树脂(如国产"724"树脂)。

(2) 阴离子交换树脂

树脂中的活性基团可与溶液中的阴离子进行交换,如 $R-NH_3^+ OH^-$、$R-N^+OH^-(CH_3)_3$ 等,按活性基团碱性强弱的不同,又分为强碱性、弱碱性离子交换树脂。例如 $R-N^+OH^-(CH_3)_3$ 为强碱性离子交换树脂(如国产"717"树脂);$R-NH_3^+OH^-$ 为弱碱性离子交换树脂(如国产"701"树脂)。

当水流经过离子交换柱时,水中的 Na^+,Ca^{2+} 或 Cl^-,SO_4^{2-} 等离子与树脂上的活性基团中的 H^+ 或 OH^- 进行交换:

$$R-SO_3^- H^+ + Na^+ \rightleftharpoons R-SO_3^- Na^+ + H^+$$

$$2R-SO_3^- H^+ + Ca^{2+} \rightleftharpoons (R-SO_3^-)_2 Ca^{2+} + 2H^+$$

$$R-N^+OH^-(CH_3)_3 + Cl^- \rightleftharpoons R-N^+Cl^-(CH_3)_3 + OH^-$$

这样,经过离子交换柱后,交换出来的 H^+ 和 OH^- 发生中和反应,使水得到净化。

在离子交换树脂上进行的反应是可逆的,当用一定浓度的酸碱处理树脂时,无机离子便从树脂上解脱出来,使树脂得到再生。

四、实验内容

1. 树脂的预处理

(1) 阳离子交换树脂的预处理

用水将树脂冲至无色后,改用纯水浸泡 4~8 h,再用 5% HCl 浸泡 4 h。倾去 HCl 溶液,用纯水洗至 pH=3~4。纯水浸泡备用。

（2）阴离子交换树脂的预处理

将树脂如同上法漂洗和浸泡后,用 5% NaOH 溶液浸泡 4 h。倾去 NaOH 溶液,用纯水洗至 pH=8~9。纯水浸泡备用。

2. 装柱

在离子交换柱下端放入少量玻璃棉（防止树脂漏出），然后装入蒸馏水至交换柱的 1/3 高，排除柱下部和玻璃棉中的空气。将处理好的树脂与水一起分别加入 3 支交换柱（阳柱、阴柱、混合柱）中（见图 4-1），与此同时打开交换柱下端的夹子，让水缓慢流出（水流的速度不能太快，防止树脂露出水面），使树脂自然沉降。装柱时防止树脂层中夹有气泡。树脂高度不能超过柱高的 2/3，并保持水面高出树脂 2~3 cm。装柱完毕后，在树脂层上盖一层玻璃棉，以防加入溶液时把树脂冲起。

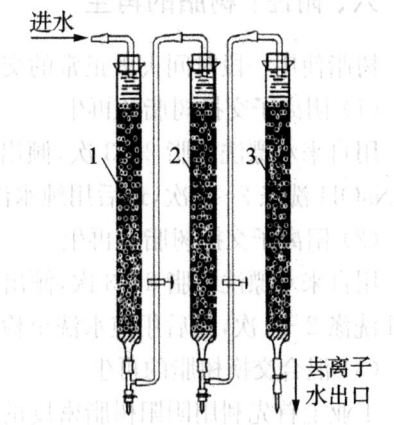

图 4-1 离子交换法制备去离子水示意图
1. 阳离子交换柱；2. 阴离子交换柱；
3. 混合离子交换柱

3. 纯水的制备

将自来水通入交换柱，控制出水的流速为 4~6 ml·min^{-1}。流出的水约 50 ml 后，截取流出液做水质检验。

4. 水质的检验

分别用电导率仪和化学试剂对水质进行检验（见表 4-2）。

表 4-2 水质进行检验

检验项目	检出方法	样 品 水			
		自来水	阳离子柱	阴离子柱	混合柱
电导率	测电导率（μS·cm^{-1}）				
pH	pH 试纸				
Ca^{2+}	加入 1 滴 2 mol·L^{-1} NaOH 和 1 滴钙试剂，观察有无红色溶液生成				
Mg^{2+}	加入 1 滴 2 mol·L^{-1} NaOH 和 1 滴镁试剂，观察有无天蓝色沉淀生成				
Cl^-	加入 1 滴 2 mol·L^{-1} HNO$_3$ 和 1 滴 0.1 mol·L^{-1} AgNO$_3$，观察有无白色沉淀生成				
SO_4^{2-}	加入 1 滴 1 mol·L^{-1} BaSO$_4$，观察有无白色沉淀生成				

五、思考题

1. 制备去离子水的原理是什么？
2. 从各级交换柱底部承接的水样质量有什么差别？
3. 水的电导率值越小，水样的纯度是否一定越高？

六、附注：树脂的再生

树脂使用一段时间失去正常的交换能力，可按如下方法进行再生：

（1）阴离子交换树脂的再生

用自来水漂洗树脂 2～3 次，倾出水后加入 5％NaOH 浸泡 20 min，再用适量 5％NaOH 洗涤 2～3 次，最后用纯水洗至流出液 pH＝8～9。

（2）阳离子交换树脂的再生

用自来水漂洗树脂 2～3 次，倾出水后加入 5％HCl 浸泡 20 min，再用适量 5％HCl 洗涤 2～3 次，最后用纯水洗至检不出 Cl^-，流出液 pH≈6。

（3）混合交换树脂的再生

工业上首先利用阴阳树脂密度的不同，采用水流反洗对混合柱内树脂进行分层，再分别洗涤阴、阳离子交换树脂。

实验十七　磺基水杨酸合铁（Ⅲ）配合物的组成及稳定常数的测定

一、实验目的

1. 分光光度计的使用方法。
2. 分光光度法测定配合物的组成及稳定常数的原理。

二、仪器和药品

（1）仪器　分光光度计；容量瓶（100 ml）2 只；烧杯（25 ml）11 只；吸量管（10 ml）2 支。

（2）药品　H_2SO_4（浓）；NaOH（6 mol·L^{-1}）；pH 试纸；磺基水杨酸（0.01 mol·L^{-1}）；$NH_4Fe(SO_4)_2$（0.01 mol·L^{-1}，溶解在 pH＝2 的 H_2SO_4 中）。

三、基本原理

磺基水杨酸（简式为 H_3R）与 Fe^{3+} 可以形成稳定的配合物。配合物的组成因溶液的 pH 不同而不同，当 pH＜4 时，形成紫红色配合物[FeR]；pH 在 4～10 之间，形成红色配离子$[FeR_2]^{3-}$；pH 在 10 左右时，形成黄色配离子$[FeR_3]^{6-}$。本实验是测定 pH 在 2~3 之间所形成的紫红色配合物的组成及其稳定常数。反应为：

$$Fe^{3+} + \text{(水杨酸)} \rightleftharpoons \text{(紫红色配合物)} + 3H^+$$

配合物的 $\lambda_{max}=500$ nm。

根据朗伯-比尔定律，当波长、溶液的温度和比色皿均一定时，有色物质对光的吸光度与有色物质浓度成正比。即：

$$A = KcL$$

式中，A 为吸光度；K 为比例常数；L 为有色溶液的厚度；c 为有色溶液的浓度。由于所测溶液中磺基水杨酸是无色的，Fe^{3+} 溶液的浓度很稀时，也可以认为是无色的，所以溶液中只有配合物是有颜色的。所以通过测定溶液的吸光度，就可以求出配合物的组成。

用分光光度法测定配合物的组成及稳定常数，常用的方法有连续变化法、摩尔比法、平衡移动法等。本实验采用的是连续变化法，即在保持每份溶液中金属离子的浓度（c_M）和配体的浓度（c_R）之和不变（即总的物质的量不变）的前提下，改变这两种溶液的相对量，配成一系列溶液，并测定相应的吸光度（A）。以 A 为纵坐标，以不同的物质的量比 $n_M/(n_M+n_R)$ 为横坐标作图，得一曲线（如图 4-2），将曲线两边的直线延长相交于 B，B 点的横坐标数值就是配合物中金属离子与配位体的配位比 n，因为 B 点的横坐标数值为 50%，所以，$n=1$。

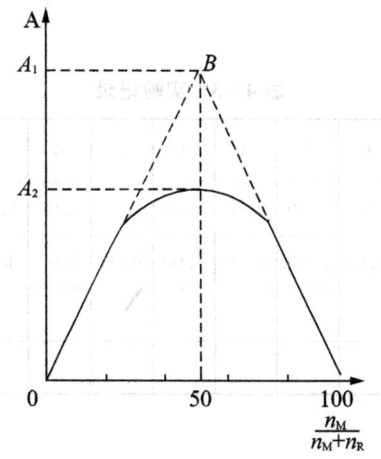

图 4-2 吸光度-物质的量比图

由图中可看出,最大吸光度 A_1 可被认为是 M 与 R 全部形成配合物时的吸光度。由于配位平衡的存在,所以配合物有部分解离,导致配合物浓度要稍小些,所以实验中测得的最大吸光度 A_2 值小于 A_1 值。若配合物的解离度为 α,则

$$\alpha=(A_1-A_2)/A_1$$

因为, $\quad$ M+R $\longrightarrow$ MR

平衡浓度 $\quad c\alpha \quad c\alpha \quad c(1-\alpha)$

所以, $K_{稳}=\dfrac{c(\mathrm{MR})}{c(\mathrm{M})\cdot c(\mathrm{R})}=\dfrac{1-\alpha}{c\cdot\alpha^2}$

式中,C 为 B 点时 M 的浓度;$K_{稳}$ 为配合物的标准稳定常数。

四、实验内容

1. 配制 $0.001\ \mathrm{mol\cdot L^{-1}}\ \mathrm{NH_4Fe(SO_4)_2}$ 和 $0.001\ \mathrm{mol\cdot L^{-1}}$ 磺基水杨酸溶液各 100 ml。

用吸量管吸取实验室准备的 $\mathrm{NH_4Fe(SO_4)_2}$ 和磺基水杨酸溶液各 10.00 ml,分别置于两只 100 ml 的容量瓶中,并稀释至刻度,并使 pH 均为 2(在接近刻度时,检查 pH,若 pH 偏离 2,可以滴加 1 滴浓 $\mathrm{H_2SO_4}$ 或 $6\ \mathrm{mol\cdot L^{-1}}\ \mathrm{NaOH}$ 调整,使 pH 为 2)

2. 用 2 支吸量管按表 4-2 中列出的体积数,分别吸取 $0.001\ \mathrm{mol\cdot L^{-1}}\ \mathrm{NH_4Fe(SO_4)_2}$ 和 $0.001\ \mathrm{mol\cdot L^{-1}}$ 磺基水杨酸溶液,置于 11 只 25 ml 烧杯中,混匀。

3. 在 $\lambda=500\ \mathrm{nm}$,$L=1\ \mathrm{cm}$ 的比色条件下,以蒸馏水为空白,测定上述 11 个溶液的吸光度。

五、实验数据记录和处理

1. 数据记录

表 4-3 实验记录

混合液编号	1	2	3	4	5	6	7	8	9	10	11
$V(\mathrm{NH_4Fe(SO_4)_2})$(ml)	0	1.00	2.00	3.00	4.00	5.00	6.00	7.00	8.00	9.00	10.00
V(磺基水杨酸)(ml)	10.00	9.00	8.00	7.00	6.00	5.00	4.00	3.00	2.00	1.00	0
$n_\mathrm{R}/(n_\mathrm{M}+n_\mathrm{R})$											
混合液吸光度 A											

2. 数据处理

以 A 对 $n_\mathrm{M}/(n_\mathrm{M}+n_\mathrm{R})$ 作图,从图上求出配合物的配位比 n,解离度 α 和标准稳定常数 $K_{稳}$,其中 $C=(0.001\times 5.00)/10.00$。

六、思考题

1. 为什么溶液的酸度对配合物的生成会有影响?
2. 在实验中,每个溶液的 pH 是否一样?如不一样对结果有何影响?
3. 使用分光光度法测定配合物的组成及稳定常数的前提是什么?

实验十八　反应速率和速率常数的测定

一、实验目的

1. 测定过二硫酸铵与碘化钾反应的速率,计算反应速率常数和反应级数。
2. 试验浓度、温度、催化剂对反应速率的影响。

二、仪器和药品

(1) 仪器　温度计;秒表;恒温水浴锅;烧杯;量筒;搅拌棒
(2) 药品　淀粉溶液(2%);KI(0.20 mol·L^{-1});KNO$_3$(0.20 mol·L^{-1});(NH$_4$)$_2$S$_2$O$_8$(0.20 mol·L^{-1});(NH$_4$)$_2$SO$_4$(0.20 mol·L^{-1});Na$_2$S$_2$O$_3$(0.01 mol·L^{-1});Cu(NO$_3$)$_2$(0.02 mol·L^{-1})。

三、基本原理

过二硫酸铵溶液与碘化钾溶液发生反应:

$$S_2O_8^{2-} + 3I^- = 2SO_4^{2-} + I_3^- \tag{1}$$

反应的平均速率 v 与反应物浓度的关系为:

$$v = -\frac{\Delta[S_2O_8^{2-}]}{\Delta t} = k[S_2O_8^{2-}]^m[I^-]^n$$

式中 $\Delta[S_2O_8^{2-}]$ 为 Δt 时间内 $S_2O_8^{2-}$ 浓度的改变量,$[S_2O_8^{2-}]$ 和 $[I^-]$ 分别为两种离子的初始浓度。k 为反应速率常数。$(m+n)$ 为反应级数。

为了测出 Δt 时间内 $S_2O_8^{2-}$ 浓度的改变量,在过二硫酸铵与碘化钾混合前,先在碘化钾溶液中加入一定体积已知浓度的硫代硫酸钠溶液和淀粉溶液。这样,由反应(1)生成的碘被硫代硫酸钠还原:

$$2S_2O_3^{2-} + I_3^- = S_4O_6^{2-} + 3I^- \tag{2}$$

反应(1)为慢反应,而反应(2)进行得非常快,瞬间完成。由反应(1)生成的 I_3^- 立即与 $S_2O_3^{2-}$ 作用,生成无色的 I^- 和 $S_4O_6^{2-}$。因此,在反应开始一段时间内,看不到碘与淀粉作用的蓝颜色。但是,一旦硫代硫酸钠耗尽,由反应(1)继续生成的微量碘立即与淀粉作用,使溶液变蓝。

从反应方程式(1)和(2)的关系可以看出,消耗 $S_2O_8^{2-}$ 的浓度为消耗 $S_2O_3^{2-}$ 浓度的一半。即

$$\Delta[S_2O_8^{2-}] = \frac{\Delta[S_2O_3^{2-}]}{2}$$

当硫代硫酸钠耗尽时,$\Delta[S_2O_3^{2-}]$ 就是开始时 $Na_2S_2O_3$ 的浓度。

在本实验中,每份混合溶液中 $Na_2S_2O_3$ 的起始浓度都是相同的,因而 $\Delta[S_2O_3^{2-}]$ 不变。因此,只要记下反应开始到溶液出现蓝色所需要的时间 Δt,即可求出反应速率。

$$v = -\Delta[S_2O_8^{2-}]/\Delta t$$

根据反应速率方程:

$$v = k[S_2O_8^{2-}]^m[I^-]^n$$

利用求出的反应速率 v,就可以计算 m 和 n,进一步可求出速率常数 k 值。

四、实验内容

1. 浓度对反应速率的影响

在室温下,用量筒分别量取 $0.20\ mol \cdot L^{-1}$ 的 KI 溶液 20 ml,$0.01\ mol \cdot L^{-1}$ 的 $Na_2S_2O_3$ 溶液 8 ml 和 0.2% 淀粉溶液 4 ml,都加到 150 ml 锥形瓶中,混匀。再用另一个量筒取 $0.20\ mol \cdot L^{-1}$ 的 $(NH_4)_2S_2O_8$ 溶液 20 ml,快速加到盛混合溶液的 150 ml 锥形瓶中,同时开动秒表,将溶液搅匀。当溶液刚出现蓝色时,立即停表,记下反应时间和温度。

用同样的方法按表 4-4 中的用量,完成序号 2~5 的其他实验。为使每次实验中溶液离子强度和总体积不变,不足的量分别用 $0.20\ mol \cdot L^{-1}$ 的 KNO_3 溶液和 $0.20\ mol \cdot L^{-1}$ 的 $(NH_4)_2SO_4$ 溶液补足。

表 4-4 浓度对反应速率的影响

实验序号	1	2	3	4	5
反应温度(℃)					
$(NH_4)_2S_2O_8$ (ml)	20	10	5	20	20
KI(ml)	20	20	20	10	5
$Na_2S_2O_3$ (ml)	8	8	8	8	8
0.2%淀粉(ml)	4	4	4	4	4
KNO_3 (ml)	0	0	0	10	15
$(NH_4)_2SO_4$ (ml)	0	10	15	0	0
反应时间(s)					

2. 温度对反应速度的影响

按表 4-4 中实验序号 4 的用量,把 KI、$Na_2S_2O_3$、KNO_3 和淀粉溶液加到烧杯中,把 $(NH_4)_2S_2O_8$ 溶液加到大试管中,并把它们放在比室温高 10 ℃ 的恒温水浴锅中,当溶液温度与水浴的温度相同时,把 $(NH_4)_2S_2O_8$ 溶液迅速加到 KI 混合溶液中,记录反应时间。

在高于室温 20 ℃、30 ℃ 条件下,重复以上操作。结果列于表 4-5。

表 4-5 温度对反应速率的影响

实验序号	4	6	7	8
反应温度(℃)	室温	室温+10	室温+20	室温+30
反应时间(s)				

3. 催化剂对反应速率的影响

Cu^{2+} 可以使 $(NH_4)_2S_2O_8$ 氧化 KI 的反应速率加快。按表 4-4 中序号 4 的用量,先在混合溶液中加 2 滴 0.02 mol·L^{-1} 的 $Cu(NO_3)_2$ 溶液,混匀,然后迅速加入 $(NH_4)_2S_2O_8$ 溶液,并记录反应时间。结果列于表 4-6。比较催化剂对反应速率的影响。

表 4-6 催化剂对反应速率的影响

实验序号	4	9
反应时间(s)		

五、数据处理

求出各反应的反应速率、反应级数 $m+n$、反应速率常数 k,并填入表 4-7。

表 4-7 数据处理

实验序号	1	2	3	4	5
溶液总体积(ml)					
$-\Delta[S_2O_3^{2-}]$(mol·L^{-1})					
$-\Delta[S_2O_8^{2-}]$(mol·L^{-1})					
反应时间 Δt					
反应速率 v					
$[I^-]$(mol·L^{-1})					
$-[S_2O_8^{2-}]$(mol·L^{-1})					
反应级数*			$m=$	$n=$	
反应速率常数 k					
k 平均值					

*m 和 n 取正整数

六、思考题

1. 反应中定量加入 $Na_2S_2O_3$ 的作用是什么？
2. 下列情况对实验结果有什么影响？
   (1) 取用 $(NH_4)_2S_2O_8$ 和 KI 溶液的量筒没有分开。
   (2) 溶液混合后不搅拌、搅拌搅匀或不断搅拌。

实验十九 三草酸合铁(Ⅲ)酸钾的合成及其 $C_2O_4^{2-}$ 的含量测定

一、实验目的

1. 合成三草酸根合铁(Ⅲ)酸钾，了解配位反应与氧化还原反应的条件。
2. 了解三草酸根合铁(Ⅲ)酸钾的光化学性质。
3. 掌握重结晶操作。

二、实验原理

三草酸根合铁(Ⅲ)酸钾 $K_3[Fe(C_2O_4)_3] \cdot 3H_2O$ 是制备负载型活性铁催化剂的主要原料，也是某些有机反应的良好催化剂。

虽然 $\quad Fe^{3+} + e \Longrightarrow Fe^{2+} \qquad E^{\ominus} = 0.77 \text{ V}$

$\qquad CO_2 + 2H^+ + 2e \Longrightarrow H_2C_2O_4 \qquad E^{\ominus} = -0.49 \text{ V}$

似乎 Fe^{3+} 和 $H_2C_2O_4$ 会发生氧化还原反应，其反应方程式如下：

$$2Fe^{3+} + H_2C_2O_4 \Longrightarrow 2Fe^{2+} + 2CO_2 + 2H^+$$

由于 $C_2O_4^{2-}$ 是一个配位体，它与 Fe^{3+} 形成稳定的配离子 $[Fe(C_2O_4)_3]^{3-}$

$$Fe^{3+} + 3C_2O_4^{2-} \Longrightarrow [Fe(C_2O_4)_3]^{3-}$$

所以，不会发生氧化还原反应。其总反应可写为：

$$3K^+ + Fe^{3+} + 3C_2O_4^{2-} + 3H_2O \Longrightarrow K_3[Fe(C_2O_4)_3] \cdot 3H_2O$$

$K_3[Fe(C_2O_4)_3] \cdot 3H_2O$ 为绿色的单斜晶体，溶于水而难溶于乙醇。但在 0℃ 左右溶解度很小，析出绿色的 $K_3[Fe(C_2O_4)_3] \cdot 3H_2O$ 晶体。

制备所得产物的纯度可用滴定分析法测定 $C_2O_4^{2-}$ 含量或 Fe^{3+} 含量来确定。

三、仪器和药品

(1) 仪器 烧杯(100 ml)2 只；烧杯(100 ml)1 只；布氏漏斗和吸滤瓶一套；量

筒(10 ml、25 ml)各 1 支;玻璃棒 2 根;滴定管(25 ml)1 支。

(2) 药品 草酸钾($K_2C_2O_4 \cdot H_2O$);$KMnO_4$ 标准溶液(0.150 0 mol·L^{-1});H_2SO_4(1∶5);三氯化铁溶液(0.40 g·ml^{-1})(称取 400 g 无水三氯化铁,加入适量 0.10 mol·L^{-1} HCl 溶解,微热,待完全溶解后,移入 1 000 ml 容量瓶中,以 0.10 mol·L^{-1} HCl 稀释至刻度,摇匀)。

四、实验内容

1. 制备三草酸根合铁(Ⅲ)酸钾

称取 6 g 草酸钾置于 100 ml 烧杯中,注入 10 ml 蒸馏水,加热,使草酸钾全部溶解,继续加热至近沸时,边搅拌边加入 4 ml 三氯化铁溶液(0.40 g·ml^{-1})。将此液置于冰水中冷却至 5 ℃以下,即有大量晶体析出,以布氏漏斗抽滤,得粗产品。

将粗产品溶于 10 ml 热的蒸馏水中,趁热过滤,将滤液在冰水中冷却,待结晶完全后,抽滤,并用少量冰的蒸馏水洗涤晶体。取下晶体,用滤纸吸干,并在空气中干燥片刻,称重,计算产率。

2. $C_2O_4^{2-}$ 含量的测定

精确称取 0.18~0.20 g $K_3[Fe(C_2O_4)_3] \cdot 3H_2O$(精确至±0.000 2 g)于 250 ml 锥形瓶中,加入 50 ml 水溶解,再加 12 ml 1∶5 H_2SO_4,加热至 70~80 ℃左右,用 0.15 mol·L^{-1} $KMnO_4$ 标准溶液滴定至浅红色,30 s 不褪色为止。记下读数,平行两份,(两次滴定所用 $KMnO_4$ 溶液的体积之差不超过 0.20 ml,即可取其平均值)计算结果。

五、思考题

1. 制备三草酸根合铁(Ⅲ)酸钾晶体时,为什么要用冰蒸馏水洗涤?
2. 试用离子交换树脂设计一个测定三草酸根合铁(Ⅲ)酸钾配离子所带电荷数的实验。

实验二十 三氯化六氨合钴(Ⅲ)的制备

一、实验目的

1. 掌握三氯化六氨合钴(Ⅲ)制备方法。
2. 了解钴(Ⅱ)、钴(Ⅲ)化合物的性质。

二、实验原理

在水溶液中,电极反应 $\varphi^\circ Co^{3+}/Co^{2+} = 1.84$ V,所以在一般情况下,Co(Ⅱ)在水溶液中是稳定的,不易被氧化为 Co(Ⅲ),相反,Co(Ⅲ)很不稳定,容易氧化水放出氧气($\phi^\circ Co^{3+}/Co^{2+}=1.84$ V$>\phi^\circ O_2/H_2O=1.229$ V)。但在有配合剂氨水存在时,由于形成相应的配合物$[Co(NH_3)_6]^{2+}$,电极电势 $\phi^\circ Co(NH_3)_6^{3+}/Co(NH_3)_6^{2+}=0.1$ V,因此 Co(Ⅱ)很容易被氧化为 Co(Ⅲ),得到较稳定的 Co(Ⅲ)配合物。

实验中采用 H_2O_2 作氧化剂,在大量氨和氯化铵存在下,选择活性炭作为催化剂将 Co(Ⅱ)氧化为 Co(Ⅲ),来制备三氯化六氨合钴(Ⅲ)配合物,反应式为:

$$2CoCl_2 + 10NH_3 + 2NH_4Cl + H_2O_2 \xrightarrow{\text{活性炭}} 2[Co(NH_3)_6]Cl_3 + 2H_2O$$

粉红　　　　　　　　　　　　　　　　　橙黄

将产物溶解在酸性溶液中以除去其中混有的催化剂,抽滤除去活性炭,然后在较浓的盐酸存在下使产物三氯化六氨合钴(Ⅲ)结晶析出(橙黄色单斜晶体)。

钴(Ⅱ)与氯化铵和氨水作用,经氧化后一般可生成三种产物:紫红色的二氯化一氯五氨合钴$[Co(NH_3)_5Cl]Cl_2$ 晶体、砖红色的三氯化五氨一水合钴$[Co(NH_3)_5H_2O]Cl_3$晶体、橙黄色的三氯化六氨合钴$[Co(NH_3)_6]Cl_3$体,控制不同的条件可得不同的产物,本实验温度控制不好,很可能有紫红色或砖红色产物出现。在制备过程中必须严格控制温度,当温度在215℃时,$[Co(NH_3)_6]Cl_3$将转化为$[Co(NH_3)_5Cl]Cl_2$,温度高于250℃时,则$[Co(NH_3)_6]Cl_3$被还原为$CoCl_2$。293 K 时,$[Co(NH_3)_6]Cl_3$ 在水中的溶解度为 0.26 mol·L^{-1},$K_{不稳}=2.2\times 10^{-34}$,在过量强碱存在且煮沸的条件下会按下列形式分解:

$$2[Co(NH_3)_6]Cl_3 + 6NaOH \xrightarrow{\text{煮沸}} 2Co(OH)_3 + 12NH_3\uparrow + 6NaCl$$

三、仪器和药品

(1) 仪器　台秤;锥形瓶;吸滤瓶;布氏漏斗;研钵。

(2) 药品　$CoCl_2\cdot 6H_2O$;NH_4Cl;$NH_3\cdot H_2O$(浓);HCl(浓、2 mol·L^{-1});H_2O_2(6%);活性炭;乙醇;冰。

四、实验内容

称取 4 g NH_4Cl 溶于 10 ml 水中,加热至沸,然后加入 6 g $CoCl_2\cdot 6H_2O$,热溶解后加入盛有 0.4 g 活性炭的锥形瓶中。用水冷却后加 14 ml 浓氨水,进一步用冰水冷却到 10℃以下。慢慢加入 14 ml 6% H_2O_2,在水浴上加热到 60℃,恒温 20 min,并不断摇荡,然后用冰水冷却至 0℃。抽滤。将沉淀溶于含有 2 ml 浓 HCl 的 50 ml 水中,加热至沸,沉淀溶解后趁热过滤,滤液中逐滴加入 7 ml 浓 HCl,用冰水冷却晶体,即有大量橘黄色晶体析出。然后过滤,并用少量冷的稀 HCl 洗涤晶体。抽干后转移到表面皿上,烘干,称重。

注意事项

严格控制每一步的反应温度,因为温度不同,会生成不同的产物。

五、实验结果

计算制得的三氯化六氨合钴(Ⅲ)配合物的产率。

六、思考题

1. 制备过程中,在水浴上加热 20 min 的目的是什么?能否加热至沸腾?
2. 制备过程中为什么要加入 7 ml 浓盐酸?
3. 要使 $[Co(NH_3)_6]Cl_3$ 合成产率高,你认为哪些步骤是比较关键的?为什么?
4. 氯化铵在制备三氯化六氨合钴(Ⅲ)中有什么作用?

实验二十一　废电池回收锌皮制备硫酸锌

日常生活中用的干电池为锌锰干电池。其负极是作为电池壳体的锌电极,正极是被二氧化锰(填充有炭粉,目的是增强导电能力)包围着的石墨电极,电解质是氯化锌及氯化铵的糊状物,其电池反应为

$$Zn + 2NH_4^+ + 2MnO_2 \longrightarrow Zn^{2+} + Mn_2O_3 + 2NH_3 + H_2O$$

在使用过程中,锌皮消耗最多,二氧化锰只起氧化作用,氯化铵作为电解质没有消耗。因而回收处理干电池可以获得多种物质,包括锌、铜、二氧化锰和炭棒等,实为变废为宝的一种可利用资源。

一、实验目的

1. 了解干电池的反应原理,结构以及工作原理。
2. 学习锌化学性质。
3. 掌握废旧电池回收锌的加工方法。
4. 明确废物分类回收的意义,增强环保意识。

二、实验原理

电池中的锌皮,既是电池的负极,又是电池的壳体。当电池报废后,锌皮一般仍大部分留存,将其回收利用,既能节约资源,又能减少对环境的污染。

锌是两性金属,能溶于酸或碱,在常温下,锌片和碱的反应极慢,而锌与酸的反应则快得多。因此,本实验采用稀硫酸溶解回收的锌皮以制取硫酸锌:

$$Zn + H_2SO_4 \longrightarrow ZnSO_4 + H_2 \uparrow$$

此时，锌皮中含有的少量杂质铁也同时溶解，生成硫酸亚铁：

$$Fe + H_2SO_4 \longrightarrow FeSO_4 + H_2 \uparrow$$

因此，在所得的硫酸锌溶液中，先用过氧化氢将 Fe^{2+} 氧化为 Fe^{3+}：

$$2FeSO_4 + H_2O_2 + H_2SO_4 \longrightarrow Fe_2(SO_4)_3 + 2H_2O$$

然后用 NaOH 调节溶液的 pH=8，使 Zn^{2+}、Fe^{3+} 生成氢氧化物沉淀：

$$ZnSO_4 + 2NaOH \longrightarrow Zn(OH)_2 \downarrow + Na_2SO_4$$

$$Fe_2(SO_4)_3 + 6NaOH \longrightarrow 2Fe(OH)_3 \downarrow + 3Na_2SO_4$$

再加入稀硫酸，控制溶液 pH=4，此时氢氧化锌溶解而氢氧化铁不溶解，可过滤除去。最后将滤液酸化、蒸发浓缩、结晶，即得 $ZnSO_4 \cdot 7H_2O$ 晶体。

三、仪器和药品

（1）仪器　烧杯(50 ml)2 只；剪刀 1 把；玻璃棒 1 支；试管 3 支；酒精灯 1 个；蒸发皿 1 个。

（2）药品　废干电池；硫酸(2 mol·L^{-1})；NaOH(10%)；H_2O_2(5%)；硝酸(2 mol·L^{-1})；硝酸银(1%)；KSCN(0.5 mol·L^{-1})。

四、实验内容

1. 锌皮的回收及处理

拆下废电池内的锌皮(一个大号废电池，铁皮如无严重腐蚀，可供两人实验)，锌皮表面可能粘有氯化锌、氯化铵及二氧化锰等杂质，应先用水刷洗除去。锌皮上还可能沾有石蜡、沥青等有机物，用水难以洗净，但它们不溶于酸，可在锌皮溶于酸后过滤除去。将锌皮剪成细条状，备用。

2. 锌的溶解

称取处理好的锌皮 5 g，加入 1 mol·L^{-1} H_2SO_4(过量 20%，体积由实验前算好)，加热，待反应较快时，停止加热。用表面皿盖好，放置过夜或放到下次实验。过滤，滤液盛在 400 ml 烧杯中。

3. $Zn(OH)_2$ 的生成

将滤液加热近沸，加入 5% H_2O_2 溶液 10 滴，在不断搅拌下滴加 2 mol·L^{-1} NaOH 溶液，逐渐有大量白色 $Zn(OH)_2$ 沉淀生成。当加入 NaOH 溶液约 20 ml 时，加水 150 ml，充分搅匀，不断搅拌下，继续滴加 NaOH 至溶液 pH=8。用布氏漏斗减压抽滤，取后期滤液 2 ml，加 2 mol·L^{-1} HNO_3 溶液 2~3 滴，加 0.1 mol·L^{-1} $AgNO_3$ 溶液 2~3 滴，振荡试管，观察现象(用蒸馏水代替滤液作对照试验)。如有混浊，说明沉淀中含有可溶性杂质，需用蒸馏水洗涤(淋洗)，直至滤液中不含 Cl^- 为止，弃去滤液。

4. $Zn(OH)_2$ 的溶解及铁的去除

将 $Zn(OH)_2$ 沉淀移至烧杯中,另取 2 mol·L^{-1} H_2SO_4 溶液约 30 ml,滴加到 $Zn(OH)_2$ 沉淀中去(不断搅拌),当有溶液出现时,小火加热,并继续滴加硫酸,控制溶液 pH=4(注意:后期加酸要缓慢。当溶液 pH=4 时,即使还有少量白色沉淀未溶,也不再加酸,加热、搅拌自会逐渐溶解)。

将溶液加热至沸,促使 Fe^{3+} 水解完全,生成 FeO(OH)沉淀,趁热过滤,弃去沉淀。

5. 蒸发、结晶

在除铁后的滤液中,滴加 2 mol·L^{-1} H_2SO_4,使溶液 pH=2,将其转入蒸发皿中,在水浴上蒸发、浓缩至液面上出现晶膜。自然冷却后,用布氏漏斗减压抽滤,将晶体放在两层滤纸间吸干,称量并计算产率。

6. 产品检验

产品质量检验的实验现象与实验室提供的试剂(三级品)"标准"进行对比:

称取制得的 $ZnSO_4·7H_2O$ 晶体 1 g,加水 10 ml 使之溶解,将其均分于两支试管中,进行下述试验:

(1) Cl^- 的检验

在一支试管中,加入 2 mol·L^{-1} HNO_3 溶液 2 滴和 0.1 mol·L^{-1} $AgNO_3$ 溶液 2 滴,摇匀,观察现象并与"标准"进行比较。

(2) Fe^{3+} 的检验

在另一支试管中,加入 2 mol·L^{-1} HCl 溶液 5 滴和 0.5 mol·L^{-1} KSCN 溶液 2 滴,摇匀,观察现象并与"标准"进行比较。

根据上面检验比较的结果,评定产品中 Cl^-、Fe^{3+} 的含量是否达到三级品试剂标准。

五、附注:有关氢氧化物沉淀的 pH(见表 4-8)

表 4-8 有关氢氧化物沉淀的 pH

氢氧化物	开始沉淀时的 pH		沉淀完全时的 pH
	初始浓度		
	1 mol·L^{-1}	0.01 mol·L^{-1}	
$Fe(OH)_3$	1.5	2.2	4.2
$Zn(OH)_2$	5.5	6.5	8.0
$Fe(OH)_2$	6.5	7.5	9.0

第五章 趣味化学实验

实验二十二 振荡反应——碘钟反应

一、实验现象

混合几种溶液,并将它放在磁力搅拌器上。混合溶液的颜色将由无色变成琥珀色,又变成蓝色,再变成无色,振荡反应可持续 10 min。

二、仪器和药品

(1) 仪器　烧杯(200 ml);量筒(50 ml)2 支;锥形瓶(250 ml);玻璃棒。

(2) 药品　过氧化氢溶液(30%);丙二酸;硫酸锰;可溶性淀粉;碘酸钾;硫酸(2 mol·L^{-1})。

三、基本原理

碘钟反应(Iodine clock reaction)是一种化学振荡反应,其体现了化学动力学的原理。碘钟反应于 1886 年被瑞士化学家 Hans Heinrich Landolt 发现。在碘钟反应中,两种(或三种)无色的液体被混合在一起,并在几秒钟后变成淀蓝色。碘钟反应可以通过不同的途径实现。有过氧化氢型、碘酸盐型、过硫酸盐型、氯酸盐型等多种类型的碘钟。本实验验证过氧化氢型碘钟。

大部分化学振荡反应过程十分复杂,许多问题至今也没搞清楚,在反应中,存在自催化过程、多变量的反应过程。同时这组反应也是相互耦合的非线性过程,它能产生化学振荡(化学钟)等各种耗散结构。

过氧化氢型碘钟是通过向硫酸酸化的过氧化氢溶液中加入碘酸钾、硫代硫酸钠和淀粉的混合溶液。此时在体系中存在一系列复杂的反应,形成了氧气和碘:

$$2IO_3^- + 2H^+ + 5H_2O_2 = I_2 + 5O_2 + 6H_2O$$

I_2 为琥珀色,与淀粉反应产生蓝色,但在溶液中继续反应,溶液的颜色褪去:

$$I_2 + 5H_2O_2 = 2IO_3^- + 2H^+ + 4H_2O$$

$$I_2 + CH_2(COOH)_2 = I_2C(COOH)_2 + I^- + H^+$$

但当 I_2 增加时,将再出现蓝色。

四、实验内容

1. 溶液的配制

1) A溶液的配制 量取100 ml 30%的过氧化氢溶液,转移入250 ml容量瓶里,用蒸馏水稀释到刻度,得3.6 mol·L^{-1}过氧化氢溶液。

2) B溶液的配制 称取10.75 g碘酸钾溶于适量热水中,再加入10 ml 2 mol·L^{-1}硫酸溶液酸化。转移入250 ml容量瓶里,稀释到刻度。

3) C溶液的配制 称取0.075 g可溶性淀粉,用少量水调成糊状,然后倒入盛有50 ml沸水的烧杯中,再加入3.9 g丙二酸和0.8 g硫酸锰,待晶体溶解,溶液冷却后移入250 ml容量瓶里,稀释到刻度。

2. 振荡实验

将A、B、C三组溶液以等体积(各取50 ml)混合在锥形瓶中,立即可以观察到反应液由无色变为琥珀色,约几秒后变为蓝紫色,再经几秒后褪为无色,接着琥珀色(颜色逐渐加深)、蓝紫色反复出现,几秒后又消失,这样周而复始地呈周期性变化。直至颜色不发生变化。此反应25℃左右实验效果较好,振荡周期约为8 s,反复振荡能持续10多分钟。

五、思考题

1. 振荡反应为什么不能无限地呈周期性变化下去?变色溶液最后应是褐色?为什么?
2. 在这个反应中产生了什么气体?
3. 可用什么方法使这个振荡反应恢复?试一试。
4. 丙二酸和锰盐在这个反应中是重要的试剂,如改变C溶液的成分,不加入丙二酸或不加入硫酸锰,重复上述实验,将会产生什么现象?

实验二十三 着火的铁

一、实验现象

把研细的、干燥的草酸亚铁放在试管中加热,使黄色的草酸亚铁转变为黑色粉末——还原铁粉,边振动边洒落试管内的微铁粉,即可观察到闪光的火星;将这种铁粉撒在事先用硝酸锶浸泡并干燥了的疏松棉花上,铁粉自燃、棉花着火并产生洋红色的烟火。

二、基本原理

根据上述操作条件所得的铁粉称作微铁粉,其化学反应方程式可表示如下:

$$FeC_2O_4 \cdot 2H_2O == CO + CO_2 + 2H_2O + FeO$$
$$3FeO == Fe_2O + Fe$$
$$4FeO == Fe_3O_4 + Fe$$

三、仪器和药品

(1) 仪器　酒精灯；试管；试管夹；橡皮塞。

(2) 药品　草酸亚铁($FeC_2O_4 \cdot 2H_2O$)；硝酸锶；棉花。

四、实验内容

1. 在干燥的试管中装入 1/5～1/4 体积的草酸亚铁($FeC_2O_4 \cdot 2H_2O$)先小火加热后强热，并不断搅拌，待试管内草酸亚铁完全变成黑色时，停止加热，移去火焰，迅速塞上橡皮塞。移去后除橡皮塞，倒置试管，边振动边洒落试管内的微铁粉，即可观察到闪光的火星。

2. 取少量研细的、干燥的草酸亚铁放在试管中加热，使黄色的草酸亚铁转变为黑色粉末——还原铁粉，将这种铁粉撒在事先用硝酸锶浸泡并干燥了的疏松棉花上，铁粉自燃，棉花着火并产生洋红色的烟火。

五、思考题

1. 将一枚铁钉按上述操作能否看到着火现象？如无着火现象，那么试思考：同样是铁为什么组成微铁粉后接触空气就能闪光着火？

2. 要想以上实验现象明显，关键是哪一步骤？

3. 如用煤、砂糖、淀粉等细粉末代替草酸亚铁，是否也能发生类似现象？

实验二十四　硅酸盐的"水中花园"

一、实验现象

将几小粒有色晶体放入装有硅酸钠溶液的玻璃缸或烧杯中，数秒之后，从晶体上生长出了形状逼真、颜色各异的奇花异草、珊瑚、钟乳石柱……好像一座美丽的"水中花园"。

二、仪器和药品

(1) 仪器　烧杯(200 ml)1 只；漏斗；吸管 1 支。

(2) 药品　硅酸钠；氯化铜；氯化锰；氯化钴；氯化铁；硫酸镍；氯化锌；氯化钙；滤纸；细沙。

三、基本原理

硅酸钠又叫水玻璃。当把金属盐固体加入硅酸钠溶液后,它们就开始缓慢地和硅酸钠反应生成各种不同颜色的硅酸盐胶体:

$$CuCl_2 + Na_2SiO_3 =\!=\!= CuSiO_3 + 2NaCl \quad 蓝绿色$$
$$MnCl_2 + Na_2SiO_3 =\!=\!= MnSiO_3 + 2NaCl \quad 粉红色$$
$$CoCl_2 + Na_2SiO_3 =\!=\!= CoSiO_3 + 2NaCl \quad 紫红色$$
$$2FeCl_3 + 3Na_2SiO_3 =\!=\!= Fe_2(SiO_3)_3 + 6NaCl \quad 棕褐色$$
$$NiSO_4 + Na_2SiO_3 =\!=\!= NiSiO_3 + Na_2SO_4 \quad 绿色$$
$$ZnCl_2 + Na_2SiO_3 =\!=\!= ZnSiO_3 + 2NaCl \quad 半透明$$
$$CaCl_2 + Na_2SiO_3 =\!=\!= CaSiO_3 + 2NaCl \quad 白色$$

生成的硅酸盐固体与液体的接触面形成半透膜,由于渗透压的关系,水不断渗入膜内,胀破半透膜使盐又与硅酸钠接触,生成新的胶状金属硅酸盐。反复渗透,硅酸盐生成芽状或树枝状。

四、实验内容

1. 配制20%的硅酸钠溶液,如果溶液有点浑浊,这时最好用滤纸把硅酸钠溶液过滤以后再用。

2. 在烧杯底上(或者玻璃缸底)铺一屋洗净的砂子和白色的小石子,然后在烧杯中加入20%硅酸钠溶液150 ml,再依次向烧杯中加入极少量的氯化铜、氯化锰、氯化钴、氯化铁、硫酸镍、氯化锌、氯化钙等盐的微小晶体颗粒,一会儿可观察到烧杯底部投入的盐的晶体逐渐生长出蓝白色、肉色、紫红色、白色、黄色、绿色的芽状、树状的"花草","长出"各种颜色的"植物"来,美丽的"水中花园"形成了。

3. 把玻璃滴管或吸虹管轻轻地插入硅酸钠溶液中,将烧杯中的硅酸钠溶液吸出。等硅酸钠溶液基本上吸完后,再慢慢地沿着烧杯的内壁把清水注入烧杯中,可永久保存这座美丽的"水中花园"。注意加水时一定要加倍小心,不要让水把这些"化学植物"的"枝干"折断了。

五、思考题

1. 这个现象与渗透有什么关系?
2. 为什么这些"晶体树"会不断地向上生长?
3. 大晶体是由小晶体长大的,解释其原因。

实验二十五 瓜 果 电 池

一、实验目的

1. 了解原电池的原理和特性。
2. 探究影响瓜果电池产生电流大小的因素。
3. 形成多角度创新思考的习惯并加强化学与生活的联系。

二、实验原理

瓜果中含有大量糖类、蛋白质、生物酸、生物碱等物质,其中所含的生物酸或生物碱能用来作为原电池的电解质。

将不同的金属电极插入瓜果中,用导线连接不同的电极,就会发生电子转移产生电流,形成瓜果电池。根据原电池的原理及形成条件,瓜果电池所产生的电流大小与瓜果中所含的电解质溶液的种类和浓度有关,并与电极材料和电极之间的距离有关。

三、仪器和药品

(1) 仪器　数字型万用表。
(2) 药品和材料　瓜果(学生自选);带鳄鱼夹的导线若干;LED 灯一个;pH 试纸;石墨棒 1 根;铜片、铁片、铝片、砂纸各一张;剪刀、美工刀或水果刀各一把。

四、实验内容

1. 根据原电池原理自行设计瓜果电池。
2. 用相同的瓜果、相同的电极距离,选用不同的电极材料制作原电池,并测定电池的电流大小。
3. 用相同的瓜果、相同的电极材料,选用不同的电极距离制作原电池,并测定电池的电流大小。
4. 用不同的瓜果、相同的电极材料和距离制作原电池,并测定电池的电流大小。
5. 尝试利用瓜果电池点亮 LED 灯。
6. 根据实验数据讨论不同因素对瓜果电池电流大小和稳定性的影响。

五、思考题

1. 通过实验结果分析,什么样的瓜果可以用来制作原电池?
2. 影响瓜果电池电流大小的因素有哪些?

实验二十六　陶瓷的制作

一、实验目的

1. 了解陶瓷材料的制备和烧成工艺。
2. 了解陶瓷釉料的原理和工艺。

二、实验原理

陶瓷是以黏土或高岭土为主要原料混合各种天然矿物经过粉碎混炼、成型和煅烧制得的材料,再经上釉烧制最终制得各种成品。陶瓷原料的主要成分包括硅、铝、钾、钠、钙、镁、铁和钛的氧化物等。这些原料都属于硅酸盐矿物。

黏土经过拉坯成型之后在适当的气氛下加热烧结,会发生一系列物理、化学的变化。坯体在升温过程中相继发生变化:①蒸发吸附水,(约100℃)除去坯体在干燥时未完全脱去的水分。②粉料中结晶水排除,(300～700℃)。③分解反应,(300～950℃)坯料中碳酸盐等分解,排除二氧化碳等气体。④碳、有机物的氧化(450～800℃),燃烧过程,排除大量气体。⑤晶型转变,(550～1 300℃)石英、氧化铝等的相转变。⑥烧结前期:经蒸发、分解、燃烧反应后,坯体变得更不致密,气孔可达百分之几十;在表面能减少的推动力作用下,物质通过扩散逐步填充减少气孔体积,直至气孔封闭,形成孤立气孔;细小颗粒间形成晶界,并不断长大;使坯体变得致密化,此时坯体密度可达理论密度的90%。⑦烧结后期:晶界上的物质继续向气孔扩散、填充,使孤立的气孔逐渐变小,一般气孔随晶界一起移动,直至排出,使烧结体致密化。⑧降温阶段:冷却时某些材料会发生相变,因而控制冷却制度,也可以控制制品的相组成。坯体烧结后在宏观上的变化是:体积收缩、致密度提高、强度增加。因此可以用坯体收缩率、气孔率、体积密度与理论密度之比值、机械强度等指标来衡量坯体的烧结程度。相同的坯体在不同的烧成温度下烧结,会得到生烧、正火、过烧等不同的结果;不同的升温速度也会得到不同的制品。

三、仪器和药品

(1) 仪器　天平;干燥箱;研钵;马弗炉(1 300℃);转盘。
(2) 药品和材料　黏土;氧化铜;氧化铁;氧化锌;氧化锰;氧化钴;氧化锆;石英;毛笔;美工刀;游标卡尺;碾棍;绸布。

四、实验内容

1. 陶瓷的加工

1) 将经过球磨粉碎、混合好的陶土原料按设计方案加工成型。

2) 成型的胚体经过烘干后在 800～900 ℃(升温速率 300 ℃·h^{-1},保温 1 h)进行素烧。

3) 釉料经研磨与水混合成釉浆,用涂釉法施于陶瓷胎器上,釉厚 1.5 mm 左右。施釉时保持釉层上厚下薄,底部不上釉。

4) 上釉的陶瓷干燥后在 1 000～1 100 ℃(升温速率 200 ℃·h^{-1}～300 ℃·h^{-1},保温 20 min)烧成,自然冷却至室温。

2. 陶瓷的干燥与烧成收缩率的测定

1) 在铺有微湿绸布的平板上取泥料一团,上面再铺一层湿绸布,用碾棍有规律地进行碾滚。碾滚时注意更换碾压方向使各方向受力均匀,滚平后去掉表面的湿绸布,用刀切成约 50 mm×50 mm×8 mm 的试片,记录材料确切尺寸。

2) 在室温下自然干燥 1～2 天,目测试片发白后放进烘箱 105～110 ℃干燥 4 h。冷却后记录材料尺寸。

3) 将测过干燥收缩的试片装入电炉(800～900 ℃)中焙烧,冷却后记录材料尺寸。

五、思考题

1. 配方中各种氧化物的作用是什么?
2. 陶瓷生产的工艺中,你认为哪些步骤是控制关键?

六、注意事项

1. 本实验涉及高温反应,在胚体入炉之前需做好干燥和炉体检查工作,烧制时需有人员看管。
2. 陶瓷不能直接放入炉体烧制,以防产品与炉膛烧结。
3. 烧制成品冷却后才能从炉内取出。

实验二十七 洗洁精的配制

一、实验目的

1. 了解主要洗涤用表面活性剂的性质。
2. 掌握洗洁精的基本配方原理及各种原料在配方中的作用。
3. 掌握洗洁精的基本配制工艺。
4. 掌握液体洗涤剂配制的增稠方法。

二、基本原理

洗洁精是常用的家用洗涤剂,主要起清洁去污及除菌杀菌等作用,其主要成分是去污作用较好、安全性高、价格适中的阴离子表面活性剂,如:烷基苯磺酸钠、脂肪醇聚氧乙烯醚硫酸钠(AES-Na)等,一般还要复配非离子表面活性剂椰子油脂肪酸二乙醇酰胺(CDEA、6501或6502),起协调性和增稠作用,另外还必须加入金属离子螯合剂、防腐剂、香精等成分。

三、仪器和药品

(1) 仪器　搅拌器;电炉;电子天平;烧杯;玻璃棒等。

(2) 药品　烷基苯磺酸钠(磺酸);AES-Na;6501;EDTA;苯甲酸钠;卡松;香精等。

四、实验配方(见表 5-1)

表 5-1　洗洁精配方

编号	原料名称	含量(%)	编号	原料名称	含量(%)
①	磺酸	10.0	⑤	EDTA	0.2
②	70%AES-Na	5.0	⑥	苯甲酸钠	0.2
③	6501	3.0	⑦	卡松	0.1
④	氢氧化钠	1.2	⑧	香精	0.2
	食盐	适量		去离子水	78.0

五、实验内容

1. 将氢氧化钠溶解成10%的水溶液备用。

2. 将配方量约1/3的去离子水加入可料锅,加入磺酸搅拌均匀,边搅拌边用10%的氢氧化钠溶液中和至pH为3~4,再加入70%AES-Na、6501、EDTA搅拌均匀,然后将剩余的去离子水加入搅拌均匀,调节pH为6.5~7.5,最后加入苯甲酸钠、卡松、柠檬香精,搅拌均匀,即可出料。

六、注意事项

1. 调节pH前先用pH试纸测定pH,若pH<6.5,用10%的氢氧化钠溶液调高;pH>7.5用少量磺酸调低。

2. 制备过程注意实验环境卫生。

七、本实验所覆盖的知识点

1. 主要洗涤用表面活性剂的性质。
2. 洗洁精的基本配方原理及各种原料在配方中的作用。
3. 洗洁精的基本配制工艺。

4. 洗洁精国家标准的重要内容。

八、思考题

1. 解说实验配方中各组分的作用。
2. 写出配方中主要有效成分(活性物)。
3. 写出有增稠作用的物质(6 种以上)。
4. 配方中各成分加入顺序。
5. pH 偏高、偏低该如何处理。

实验二十八　珠光香波的配制

一、实验目的

了解珠光香波的配方组成,配制方法以及各组分的性质和用途。

二、仪器和药品

(1) 仪器　电炉;水浴锅;烧杯(250 ml、150 ml);量筒(50、25 ml);玻璃棒;电子秤;温度计;胶体磨。

(2) 药品　K12 铵盐(70%);AES 铵盐(70%);6501;CH-40;卡波普;PS-36(珠光浆);乳化硅油;氨水;NH_4Cl;香精。

三、配方(见表 5-2)

表 5-2　珠光香波配方

编号	原料名称	含量(%)	编号	原料名称	含量(%)
①	K12 铵盐(70%)	18.00	⑥	PS-36(珠光浆)	4.00
②	AES 铵盐(70%)	2.00	⑦	乳化硅油	5.00
③	6501	1.00	⑧	氨水	0.25
④	CH-40	0.70	⑨	NH_4Cl(氯化铵)	0~0.3
⑤	卡波普	0.40	⑩	香精	适量
				蒸馏水	余量

四、实验内容

1. 常温下用 260 g 水充分搅拌分散 4 g Carbopol,然后在 50 ℃搅拌半小时。
2. 常温下用 240 g 水充分搅拌分散 7 g CH-40(阳离子羟乙基纤维素),然后在 50 ℃ 搅拌 30 min。
3. 用剩余水 189 g 在 70 ℃ 溶解 K12 铵盐和 AES 铵盐。
4. 把 1,2 加入 3 并搅拌 30 min。
5. 加氨水中和,pH 调至 6～7。
6. 降温至 65 ℃ 加 6501,乳化硅油,并继续搅拌。
7. 降温至 40 ℃ 加珠光浆,并继续搅拌至常温下结束。

五、思考题

1. 解说实验配方中各组分的作用,写出珠光片的化学名称。
2. 写出加珠光片的温度和加珠光浆的温度,并进行比较分析。
3. 如何评价香波的使用效果?

主要参考文献

1. 陈华.2010.大学化学实验.北京：化学工业出版社
2. 华东理工大学无机化学教研组.2007.无机化学实验.第四版.北京：高等教育出版社
3. 南京大学《无机及分析化学实验》编写组.2007.无机及分析化学实验.北京：高等教育出版社
4. 沈建中等.2006.普通化学实验.上海：复旦大学出版社
5. 苏显云等.2010.大学普通化学实验.北京：高等教育出版社
6. 田美玉.2005.新大学化学实验.北京：科学出版社
7. 浙江大学普通化学教研组.2008.普通化学实验.第三版.北京：高等教育出版社
8. 周仕学等.2003.普通化学实验.北京：化学工业出版社

附　　录

附录1　元素的国际相对原子质量表(2007)

原子序号	符号	名称	相对原子质量	原子序号	符号	名称	相对原子质量	原子序号	符号	名称	相对原子质量
1	H	氢	1.007 94	25	Mn	锰	54.938 049	49	In	铟	114.818
2	He	氦	4.002 602	26	Fe	铁	55.845	50	Sn	锡	118.71
3	Li	锂	6.941	27	Co	钴	58.933 2	51	Sb	锑	121.76
4	Be	铍	9.012 182	28	Ni	镍	58.693 4	52	Te	碲	127.6
5	B	硼	10.811	29	Cu	铜	63.546	53	I	碘	126.904 47
6	C	碳	12.010 7	30	Zn	锌	65.39	54	Xe	氙	131.29
7	N	氮	14.006 74	31	Ga	镓	69.723	55	Cs	铯	132.905 45
8	O	氧	15.999 4	32	Ge	锗	72.61	56	Ba	钡	137.327
9	F	氟	18.998 403 2	33	As	砷	74.921 6	57	La	镧	138.905 5
10	Ne	氖	20.179 7	34	Se	硒	78.96	58	Ce	铈	140.116
11	Na	钠	22.989 77	35	Br	溴	79.904	59	Pr	镨	140.907 65
12	Mg	镁	24.305	36	Kr	氪	83.8	60	Nd	钕	144.24
13	Al	铝	26.981 538	37	Rb	铷	85.467 8	61	Pm	钷	[145]
14	Si	硅	28.085 5	38	Sr	锶	87.62	62	Sm	钐	150.36
15	P	磷	30.973 762	39	Y	钇	88.905 85	63	Eu	铕	151.964
16	S	硫	32.066	40	Zr	锆	91.224	64	Gd	钆	157.25
17	Cl	氯	35.452 7	41	Nb	铌	92.906 38	65	Tb	铽	158.925 34
18	Ar	氩	39.948	42	Mo	钼	95.94	66	Dy	镝	162.5
19	K	钾	39.098 3	43	Tc	锝	[98]	67	Ho	钬	164.930 32
20	Ca	钙	40.078	44	Ru	钌	101.07	68	Er	铒	167.26
21	Sc	钪	44.955 91	45	Rh	铑	102.905 5	69	Tm	铥	168.934 21
22	Ti	钛	47.867	46	Pd	钯	106.42	70	Yb	镱	173.04
23	V	钒	50.941 5	47	Ag	银	107.868 2	71	Lu	镥	174.967
24	Cr	铬	51.996 1	48	Cd	镉	112.411	72	Hf	铪	178.49

续表

原子序号	符号	名称	相对原子质量	原子序号	符号	名称	相对原子质量	原子序号	符号	名称	相对原子质量
73	Ta	钽	180.947 9	87	Fr	钫	[223]	101	Md	钔	[258]
74	W	钨	183.84	88	Ra	镭	[226]	102	No	锘	[259]
75	Re	铼	186.207	89	Ac	锕	[227]	103	Lr	铹	[262]
76	Os	锇	190.23	90	Th	钍	232.038 1	104	Rf	鑪	[261]
77	Ir	铱	192.217	91	Pa	镤	231.035 88	105	Db	𬭊	[262]
78	Pt	铂	195.078	92	U	铀	238.028 9	106	Sg	𬭳	[266]
79	Au	金	196.966 55	93	Np	镎	[237]	107	Bh	𬭛	[264]
80	Hg	汞	200.59	94	Pu	钚	[244]	108	Hs	𬭶	[269]
81	Tl	铊	204.383 3	95	Am	镅	[243]	109	Mt	鿏	[268]
82	Pb	铅	207.2	96	Cm	锔	[247]	110	Ds	𫟼	[269]
83	Bi	铋	208.980 38	97	Bk	锫	[247]	111	Rg	𬬭	[272]
84	Po	钋	[210]	98	Cf	锎	[251]	112	Uub	鎶	[277]
85	At	砹	[210]	99	Es	锿	[252]				
86	Rn	氡	[222]	100	Fm	镄	[257]				

注：① 相对原子量录自 2007 国际相对原子质量表。② 方括号中的原子质量为该放射性元素已知的半衰期最长的同位素质量数。

附录2 不同温度下水的饱和蒸汽压

温度(℃)	压力(kPa)	温度(℃)	压力(kPa)	温度(℃)	压力(kPa)
0	0.612 5	11	1.312	22	2.644
1	0.656 8	12	1.402	23	2.809
2	0.705 8	13	1.497	24	2.985
3	0.758 0	14	1.598	25	3.167
4	0.813 4	15	1.705	26	3.361
5	0.872 4	16	1.818	27	3.565
6	0.935 0	17	1.937	28	3.780
7	1.002	18	2.064	29	4.006
8	1.073	19	2.197	30	4.248
9	1.148	20	2.338	31	4.493
10	1.228	21	2.487	32	4.755

续表

温度(℃)	压力(kPa)	温度(℃)	压力(kPa)	温度(℃)	压力(kPa)
33	5.030	56	16.51	79	45.47
34	5.320	57	17.31	80	47.35
35	5.623	58	18.14	81	49.29
36	5.942	59	19.01	82	51.32
37	6.275	60	19.92	83	53.41
38	6.625	61	20.86	84	55.57
39	6.992	62	21.84	85	57.81
40	7.376	63	22.85	86	60.12
41	7.778	64	23.91	87	62.49
42	8.200	65	25.00	88	64.94
43	8.640	66	26.14	89	67.48
44	9.101	67	27.33	90	70.10
45	9.584	68	28.56	91	72.80
46	10.09	69	29.83	92	75.60
47	10.61	70	31.16	93	78.48
48	11.16	71	32.52	94	81.45
49	11.74	72	33.95	95	84.52
50	12.33	73	35.43	96	87.67
51	12.96	74	35.96	97	90.94
52	13.61	75	38.55	98	94.30
53	14.29	76	40.19	99	97.76
54	15.00	77	41.88	100	101.3
55	15.74	78	43.64		

附录3 常用酸碱溶液的浓度和密度(298.2 K)

溶液名称	含量(%)	物质的量浓度(mol·L^{-1})	密度ρ(g·ml^{-1})
盐 酸	3.6～3.8	11.6～12.4	1.18～1.19
硝 酸	65.0～68.0	14.4～15.2	1.39～1.40
硫 酸	95～98	35.6～36.8　$c(1/2H_2SO_4)$	1.83～1.84
磷 酸	85	14.6　$c(H_3PO_4)$	1.69
高氯酸	70.0～72.0	11.7～12.0	1.68

续表

溶液名称	含量(%)	物质的量浓度(mol·L^{-1})	密度 ρ(g·ml^{-1})
冰醋酸	99.8~99.0	17.4	1.05
氢氟酸	40	22.5	1.13
氢溴酸	47.0	8.6	1.49
氨 水	25.0~28.0	12.9~14.8	0.88~0.90

附录4 常见弱酸弱碱在水溶液中的解离常数(298.2 K)

弱 酸	分子式	K_a	pK_a
砷酸	H$_3$AsO$_4$	6.3×10^{-3}(K_{a1})	2.20
		1.0×10^{-7}(K_{a2})	7.00
		3.2×10^{-12}(K_{a3})	11.50
亚砷酸	HAsO$_2$	6.0×10^{-10}	9.22
硼酸	H$_3$BO$_3$	5.8×10^{-10}	9.24
焦硼酸	H$_2$B$_4$O$_7$	1.0×10^{-4}(K_{a1})	4.0
		1.0×10^{-9}(K_{a2})	9.0
碳酸	H$_2$CO$_3$(CO$_2$+H$_2$O)	4.2×10^{-7}(K_{a1})	6.38
		5.6×10^{-11}(K_{a2})	10.25
氢氰酸	HCN	6.2×10^{-10}	9.21
铬酸	H$_2$CrO$_4$	1.8×10^{-1}(K_{a1})	0.74
		3.2×10^{-7}(K_{a2})	6.50
氢氟酸	HF	6.6×10^{-4}	3.18
亚硝酸	HNO$_2$	5.1×10^{-4}	3.29
过氧化氢	H$_2$O$_2$	1.8×10^{-12}	11.75
磷酸	H$_3$PO$_4$	7.6×10^{-3}(K_{a1})	2.12
		6.3×10^{-3}(K_{a2})	7.2
		4.4×10^{-13}(K_{a3})	12.36
焦磷酸	H$_4$P$_2$O$_7$	3.0×10^{-2}(K_{a1})	1.52
		4.4×10^{-3}(K_{a2})	2.36
		2.5×10^{-7}(K_{a3})	6.60
		5.6×10^{-10}(K_{a4})	9.25
亚磷酸	H$_3$PO$_3$	5.0×10^{-2}(K_{a1})	1.30
		2.5×10^{-7}(K_{a2})	6.60

续表

弱 酸	分子式	K_a	pK_a
氢硫酸	H_2S	$1.3\times10^{-7}(K_{a1})$	6.88
		$7.1\times10^{-15}(K_{a2})$	14.15
硫酸	H_2SO_4	$1.0\times10^{-2}(K_{a2})$	1.99
亚硫酸	$H_2SO_3(SO_2+H_2O)$	$1.3\times10^{-2}(K_{a1})$	1.90
		$6.3\times10^{-8}(K_{a2})$	7.20
偏硅酸	H_2SiO_3	$1.7\times10^{-10}(K_{a1})$	9.77
		$1.6\times10^{-12}(K_{a2})$	11.8
甲酸	HCOOH	1.8×10^{-4}	3.74
乙酸	CH_3COOH	1.8×10^{-5}	4.74
一氯乙酸	$CH_2ClCOOH$	1.4×10^{-3}	2.86
二氯乙酸	$CHCl_2COOH$	5.0×10^{-2}	1.30
三氯乙酸	CCl_3COOH	2.3×10^{-1}	0.64
氨基乙酸盐	$^+NH_3CH_2COOH^-$	$4.5\times10^{-3}(K_{a1})$	2.35
	$^+NH_3CH_2COO^-$	$2.5\times10^{-10}(K_{a2})$	9.60
抗坏血酸	—CHOH—CH_2OH	$5.0\times10^{-5}(K_{a1})$	4.30
		$1.5\times10^{-10}(K_{a2})$	9.82
乳酸	$CH_3CHOHCOOH$	1.4×10^{-4}	3.86
苯甲酸	C_6H_5COOH	6.2×10^{-5}	4.21
草酸	$H_2C_2O_4$	$5.9\times10^{-2}(K_{a1})$	1.22
		$6.4\times10^{-5}(K_{a2})$	4.19
d—酒石酸	CH(OH)COOH	$9.1\times10^{-4}(K_{a1})$	3.04
		$4.3\times10^{-5}(K_{a2})$	4.37
邻苯二甲酸	$(o)C_6H_4(COOH)_2$	$1.1\times10^{-3}(K_{a1})$	2.95
		$3.9\times10^{-6}(K_{a2})$	5.41
柠檬酸	CH_2COOH $HOCHCOOH$ CH_2COOH	$7.4\times10^{-4}(K_{a1})$	3.13
		$1.7\times10^{-5}(K_{a2})$	4.76
		$4.0\times10^{-7}(K_{a3})$	6.40
苯酚	C_6H_5OH	1.1×10^{-10}	9.95
乙二胺四乙酸	H_6—$EDTA^{2+}$	$0.1(K_{a1})$	0.9
	H_5—$EDTA^+$	$3.0\times10^{-2}(K_{a2})$	1.6
	H_4—EDTA	$1.0\times10^{-2}(K_{a3})$	2.0
	H_3—$EDTA^-$	$2.1\times10^{-3}(K_{a4})$	2.67
	H_2—$EDTA^{2-}$	$6.9\times10^{-7}(K_{a5})$	6.17
	H—$EDTA^{3-}$	$5.5\times10^{-11}(K_{a6})$	10.26

续表

弱　　酸	分子式	K_a	pK_a
氨水	NH_3+H_2O	1.8×10^{-5}	4.74
联氨	$H_2NNH_2+H_2O$	$3.0\times10^{-6}(K_{b1})$	5.52
		$1.7\times10^{-5}(K_{b2})$	14.12
羟胺	NH_2OH+H_2O	9.1×10^{-6}	8.04
甲胺	$CH_3NH_2+H_2O$	4.2×10^{-4}	3.38
乙胺	$C_2H_5NH_2+H_2O$	5.6×10^{-4}	3.25
二甲胺	$(CH_3)_2NH+H_2O$	1.2×10^{-4}	3.93
二乙胺	$(C_2H_5)_2NH+H_2O$	1.3×10^{-3}	2.89
乙醇胺	$HOCH_2CH_2NH_2+H_2O$	3.2×10^{-5}	4.50
三乙醇胺	$(HOCH_2CH_2)_3N+H_2O$	5.8×10^{-7}	6.24
六次甲基四胺	$(CH_2)_6N_4+H_2O$	1.4×10^{-9}	8.85
乙二胺	$H_2NHC_2CH_2NH_2+H_2O$	$8.5\times10^{-5}(K_{b1})$	4.07
		$7.1\times10^{-8}(K_{b2})$	7.15
吡啶	$C_5H_5N+H_2O$	1.7×10^{-5}	8.77

附录5　难溶电解质的溶度积常数(298.2 K)

序号	分子式	K_{sp}	pK_{sp}	序号	分子式	K_{sp}	pK_{sp}
1	Ag_3AsO_4	1.0×10^{-22}	22.0	15	Ag_2S	6.3×10^{-50}	49.2
2	$AgBr$	5.0×10^{-13}	12.3	16	$AgSCN$	1.0×10^{-12}	12.00
3	$AgBrO_3$	5.50×10^{-5}	4.26	17	Ag_2SO_3	1.5×10^{-14}	13.82
4	$AgCl$	1.8×10^{-10}	9.75	18	Ag_2SO_4	1.4×10^{-5}	4.84
5	$AgCN$	1.2×10^{-16}	15.92	19	Ag_2Se	2.0×10^{-64}	63.7
6	Ag_2CO_3	8.1×10^{-12}	11.09	20	Ag_2SeO_3	1.0×10^{-15}	15.00
7	$Ag_2C_2O_4$	3.5×10^{-11}	10.46	21	Ag_2SeO_4	5.7×10^{-8}	7.25
8	$Ag_2Cr_2O_4$	1.2×10^{-12}	11.92	22	$AgVO_3$	5.0×10^{-7}	6.3
9	$Ag_2Cr_2O_7$	2.0×10^{-7}	6.70	23	Ag_2WO_4	5.5×10^{-12}	11.26
10	AgI	8.3×10^{-17}	16.08	24	$Al(OH)_3^*$	4.57×10^{-33}	32.34
11	$AgIO_3$	3.1×10^{-8}	7.51	25	$AlPO_4$	6.3×10^{-19}	18.24
12	$AgOH$	2.0×10^{-8}	7.71	26	Al_2S_3	2.0×10^{-7}	6.7
13	Ag_2MoO_4	2.8×10^{-12}	11.55	27	$Au(OH)_3$	5.5×10^{-46}	45.26
14	Ag_3PO_4	1.4×10^{-16}	15.84	28	$AuCl_3$	3.2×10^{-25}	24.5

续表

序号	分子式	K_{sp}	pK_{sp}	序号	分子式	K_{sp}	pK_{sp}
29	AuI_3	1.0×10^{-46}	46.0	61	$Co_3(AsO_4)_2$	7.6×10^{-29}	28.12
30	$Ba_3(AsO_4)_2$	8.0×10^{-51}	50.1	62	$CoCO_3$	1.4×10^{-13}	12.84
31	$BaCO_3$	5.1×10^{-9}	8.29	63	CoC_2O_4	6.3×10^{-8}	7.2
32	BaC_2O_4	1.6×10^{-7}	6.79	64	$Co(OH)_2$(蓝)	6.31×10^{-15}	14.2
33	$BaCrO_4$	1.2×10^{-10}	9.93		$Co(OH)_2$(粉红,新沉淀)	1.58×10^{-15}	14.8
34	$Ba_3(PO_4)_2$	3.4×10^{-23}	22.44				
35	$BaSO_4$	1.1×10^{-10}	9.96		$Co(OH)_2$(粉红,陈化)	2.00×10^{-16}	15.7
36	BaS_2O_3	1.6×10^{-5}	4.79				
37	$BaSeO_3$	2.7×10^{-7}	6.57	65	$CoHPO_4$	2.0×10^{-7}	6.7
38	$BaSeO_4$	3.5×10^{-8}	7.46	66	$Co_3(PO_4)_3$	2.0×10^{-35}	34.7
39	$Be(OH)_2^*$	1.6×10^{-22}	21.8	67	$CrAsO_4$	7.7×10^{-21}	20.11
40	$BiAsO_4$	4.4×10^{-10}	9.36	68	$Cr(OH)_3$	6.3×10^{-31}	30.2
41	$Bi_2(C_2O_4)_3$	3.98×10^{-36}	35.4	69	$CrPO_4\cdot 4H_2O$(绿)	2.4×10^{-23}	22.62
42	$Bi(OH)_3$	4.0×10^{-31}	30.4				
43	$BiPO_4$	1.26×10^{-23}	22.9		$CrPO_4\cdot 4H_2O$(紫)	1.0×10^{-17}	17.0
44	$CaCO_3$	2.8×10^{-9}	8.54				
45	$CaC_2O_4\cdot H_2O$	4.0×10^{-9}	8.4	70	$CuBr$	5.3×10^{-9}	8.28
46	CaF_2	2.7×10^{-11}	10.57	71	$CuCl$	1.2×10^{-6}	5.92
47	$CaMoO_4$	4.17×10^{-8}	7.38	72	$CuCN$	3.2×10^{-20}	19.49
48	$Ca(OH)_2$	5.5×10^{-6}	5.26	73	$CuCO_3$	2.34×10^{-10}	9.63
49	$Ca_3(PO_4)_2$	2.0×10^{-29}	28.70	74	CuI	1.1×10^{-12}	11.96
50	$CaSO_4$	3.16×10^{-7}	5.04	75	$Cu(OH)_2$	4.8×10^{-20}	19.32
51	$CaSiO_3$	2.5×10^{-8}	7.60	76	$Cu_3(PO_4)_2$	1.3×10^{-37}	36.9
52	$CaWO_4$	8.7×10^{-9}	8.06	77	Cu_2S	2.5×10^{-48}	47.6
53	$CdCO_3$	5.2×10^{-12}	11.28	78	Cu_2Se	1.58×10^{-61}	60.8
54	$CdC_2O_4\cdot 3H_2O$	9.1×10^{-8}	7.04	79	CuS	6.3×10^{-36}	35.2
55	$Cd_3(PO_4)_2$	2.5×10^{-33}	32.6	80	$CuSe$	7.94×10^{-49}	48.1
56	CdS	8.0×10^{-27}	26.1	81	$Dy(OH)_3$	1.4×10^{-22}	21.85
57	$CdSe$	6.31×10^{-36}	35.2	82	$Er(OH)_3$	4.1×10^{-24}	23.39
58	$CdSeO_3$	1.3×10^{-9}	8.89	83	$Eu(OH)_3$	8.9×10^{-24}	23.05
59	CeF_3	8.0×10^{-16}	15.1	84	$FeAsO_4$	5.7×10^{-21}	20.24
60	$CePO_4$	1.0×10^{-23}	23.0	85	$FeCO_3$	3.2×10^{-11}	10.50

续表

序号	分子式	K_{sp}	pK_{sp}	序号	分子式	K_{sp}	pK_{sp}
86	$Fe(OH)_2$	8.0×10^{-16}	15.1	117	$MgCO_3 \cdot 3H_2O$	2.14×10^{-5}	4.67
87	$Fe(OH)_3$	4.0×10^{-38}	37.4	118	$Mg(OH)_2$	1.8×10^{-11}	10.74
88	$FePO_4$	1.3×10^{-22}	21.89	119	$Mg_3(PO_4)_2 \cdot 8H_2O$	6.31×10^{-26}	25.2
89	FeS	6.3×10^{-18}	17.2				
90	$Ga(OH)_3$	7.0×10^{-36}	35.15	120	$Mn_3(AsO_4)_2$	1.9×10^{-29}	28.72
91	$GaPO_4$	1.0×10^{-21}	21.0	121	$MnCO_3$	1.8×10^{-11}	10.74
92	$Gd(OH)_3$	1.8×10^{-23}	22.74	122	$Mn(IO_3)_2$	4.37×10^{-7}	6.36
93	$Hf(OH)_4$	4.0×10^{-26}	25.4	123	$Mn(OH)_4$	1.9×10^{-13}	12.72
94	Hg_2Br_2	5.6×10^{-23}	22.24	124	MnS(粉红)	2.5×10^{-10}	9.6
95	Hg_2Cl_2	1.3×10^{-18}	17.88	125	MnS(绿)	2.5×10^{-13}	12.6
96	HgC_2O_4	1.0×10^{-7}	7.0	126	$Ni_3(AsO_4)_2$	3.1×10^{-26}	25.51
97	Hg_2CO_3	8.9×10^{-17}	16.05	127	$NiCO_3$	6.6×10^{-9}	8.18
98	$Hg_2(CN)_2$	5.0×10^{-40}	39.3	128	NiC_2O_4	4.0×10^{-10}	9.4
99	Hg_2CrO_4	2.0×10^{-9}	8.70	129	$Ni(OH)_2$(新)	2.0×10^{-15}	14.7
100	Hg_2I_2	4.5×10^{-29}	28.35	130	$Ni_3(PO_4)_2$	5.0×10^{-31}	30.3
101	HgI_2	2.82×10^{-29}	28.55	131	$\alpha-NiS$	3.2×10^{-19}	18.5
102	$Hg_2(IO_3)_2$	2.0×10^{-14}	13.71	132	$\beta-NiS$	1.0×10^{-24}	24.0
103	$Hg_2(OH)_2$	2.0×10^{-24}	23.7	133	$\gamma-NiS$	2.0×10^{-26}	25.7
104	$HgSe$	1.0×10^{-59}	59.0	134	$Pb_3(AsO_4)_2$	4.0×10^{-36}	35.39
105	HgS(红)	4.0×10^{-53}	52.4	135	$PbBr_2$	4.0×10^{-5}	4.41
106	HgS(黑)	1.6×10^{-52}	51.8	136	$PbCl_2$	1.6×10^{-5}	4.79
107	Hg_2WO_4	1.1×10^{-17}	16.96	137	$PbCO_3$	7.4×10^{-14}	13.13
108	$Ho(OH)_3$	5.0×10^{-23}	22.30	138	$PbCrO_4$	2.8×10^{-13}	12.55
109	$In(OH)_3$	1.3×10^{-37}	36.9	139	PbF_2	2.7×10^{-8}	7.57
110	$InPO_4$	2.3×10^{-22}	21.63	140	$PbMoO_4$	1.0×10^{-13}	13.0
111	In_2S_3	5.7×10^{-74}	73.24	141	$Pb(OH)_2$	1.2×10^{-15}	14.93
112	$La_2(CO_3)_3$	3.98×10^{-34}	33.4	142	$Pb(OH)_4$	3.2×10^{-66}	65.49
113	$LaPO_4$	3.98×10^{-23}	22.43	143	$Pb_3(PO4)_3$	8.0×10^{-43}	42.10
114	$Lu(OH)_3$	1.9×10^{-24}	23.72	144	PbS	1.0×10^{-28}	28.00
115	$Mg_3(AsO_4)_2$	2.1×10^{-20}	19.68	145	$PbSO_4$	1.6×10^{-8}	7.79
116	$MgCO_3$	3.5×10^{-8}	7.46	146	$PbSe$	7.94×10^{-43}	42.1

续表

序号	分子式	K_{sp}	pK_{sp}	序号	分子式	K_{sp}	pK_{sp}
147	$PbSeO_4$	1.4×10^{-7}	6.84	173	$SrSO_4$	3.2×10^{-7}	6.49
148	$Pd(OH)_2$	1.0×10^{-31}	31.0	174	$SrWO_4$	1.7×10^{-10}	9.77
149	$Pd(OH)_4$	6.3×10^{-71}	70.2	175	$Tb(OH)_3$	2.0×10^{-22}	21.7
150	PdS	2.03×10^{-58}	57.69	176	$Te(OH)_4$	3.0×10^{-54}	53.52
151	$Pm(OH)_3$	1.0×10^{-21}	21.0	177	$Th(C_2O_4)_2$	1.0×10^{-22}	22.0
152	$Pr(OH)_3$	6.8×10^{-22}	21.17	178	$Th(IO_3)_4$	2.5×10^{-15}	14.6
153	$Pt(OH)_2$	1.0×10^{-35}	35.0	179	$Th(OH)_4$	4.0×10^{-45}	44.4
154	$Pu(OH)_3$	2.0×10^{-20}	19.7	180	$Ti(OH)_3$	1.0×10^{-40}	40.0
155	$Pu(OH)_4$	1.0×10^{-55}	55.0	181	$TlBr$	3.4×10^{-6}	5.47
156	$RaSO_4$	4.2×10^{-11}	10.37	182	$TlCl$	1.7×10^{-4}	3.76
157	$Rh(OH)_3$	1.0×10^{-23}	23.0	183	Tl_2CrO_4	9.77×10^{-13}	12.01
158	$Ru(OH)_3$	1.0×10^{-36}	36.0	184	TlI	6.5×10^{-8}	7.19
159	Sb_2S_3	1.5×10^{-93}	92.8	185	TlN_3	2.2×10^{-4}	3.66
160	ScF_3	4.2×10^{-18}	17.37	186	Tl_2S	5.0×10^{-21}	20.3
161	$Sc(OH)_3$	8.0×10^{-31}	30.1	187	$TlSeO_3$	2.0×10^{-39}	38.7
162	$Sm(OH)_3$	8.2×10^{-23}	22.08	188	$UO_2(OH)_2$	1.1×10^{-22}	21.95
163	$Sn(OH)_2$	1.4×10^{-28}	27.85	189	$VO(OH)_2$	5.9×10^{-23}	22.13
164	$Sn(OH)_4$	1.0×10^{-56}	56.0	190	$Y(OH)_3$	8.0×10^{-23}	22.1
165	SnO_2	3.98×10^{-65}	64.4	191	$Yb(OH)_3$	3.0×10^{-24}	23.52
166	SnS	1.0×10^{-25}	25.0	192	$Zn_3(AsO_4)_2$	1.3×10^{-28}	27.89
167	$SnSe$	3.98×10^{-39}	38.4	193	$ZnCO_3$	1.4×10^{-11}	10.84
168	$Sr_3(AsO_4)_2$	8.1×10^{-19}	18.09	194	$Zn(OH)_2^*$	2.09×10^{-16}	15.68
169	$SrCO_3$	1.1×10^{-10}	9.96	195	$Zn_3(PO_4)_2$	9.0×10^{-33}	32.04
170	$SrC_2O_4 \cdot H_2O$	1.6×10^{-7}	6.80	196	$\alpha - ZnS$	1.6×10^{-24}	23.8
171	SrF_2	2.5×10^{-9}	8.61	197	$\beta - ZnS$	2.5×10^{-22}	21.6
172	$Sr_3(PO_4)_2$	4.0×10^{-28}	27.39	198	$ZrO(OH)_2$	6.3×10^{-49}	48.2

*：均为无定形态

资料来源：John A • Dean. Lange' Handbook of Chemistry. 第13版. 1985.

附录6 标准电极电势表(298.2 K)

序号	电极过程(Electrode process)	$E^{\ominus}(V)$
1	$Li^+ + e \rightleftharpoons Li$	−3.045
2	$Rb^+ + e \rightleftharpoons Rb$	−2.925
3	$Cs^+ + e \rightleftharpoons Cs$	−2.923
4	$K^+ + e \rightleftharpoons K$	−2.925
5	$Ra^{2+} + 2e \rightleftharpoons Ra$	−2.916
6	$Ba^{2+} + 2e \rightleftharpoons Ba$	−2.906
7	$Ca^{2+} + 2e \rightleftharpoons Ca$	−2.866
8	$Na^+ + e \rightleftharpoons Na$	−2.714
9	$La^{3+} + 3e \rightleftharpoons La$	−2.522
12	$Mg^{2+} + 2e \rightleftharpoons Mg$	−2.363
13	$Be^{2+} + 2e \rightleftharpoons Be$	−1.847
14	$Al^{3+} + 3e \rightleftharpoons Al$	−1.662
15	$Ti^{2+} + 2e \rightleftharpoons Ti$	−1.628
16	$Zr^{4+} + 4e \rightleftharpoons Zr$	−1.529
17	$V^{2+} + 2e \rightleftharpoons V$	−1.186
18	$Mn^{2+} + 2e \rightleftharpoons Mn$	−1.180
19	$Se + 2e \rightleftharpoons Se^{2-}$	−0.92
10	$Zn^{2+} + 2e \rightleftharpoons Zn$	−0.7628
11	$Cr^{3+} + 3e \rightleftharpoons Cr$	−0.744
12	$S + 2e \rightleftharpoons S^{2-}$	−0.51
13	$Fe^{2+} + 2e \rightleftharpoons Fe$	−0.4402
14	$Cr^{3+} + e \rightleftharpoons Cr^{2+}$	−0.408
15	$Cd^{2+} + 2e \rightleftharpoons Cd$	−0.4029
16	$Ti^{3+} + e \rightleftharpoons Ti^{2+}$	−0.369
17	$Tl^+ + e \rightleftharpoons Tl$	−0.3363
18	$Co^{2+} + 2e \rightleftharpoons Co$ $Ni^{2+} + 2e \rightleftharpoons Ni$	−0.277 −0.250
19	$Mo^{3+} + 3e \rightleftharpoons Mo$	−0.20
20	$Sn^{2+} + 2e \rightleftharpoons Sn$	−0.136

续表

序号	电极过程(Electrode process)	$E^{\ominus}$(V)
21	$Pb^{2+}+2e \rightleftharpoons Pb$	-0.126
22	$Ti^{4+}+e \rightleftharpoons Ti^{3+}$	-0.04
23	$2H^{+}+2e \rightleftharpoons H_2$	± 0.000
24	$Ge^{2+}+2e \rightleftharpoons Ge$	$+0.01$
25	$Sn^{4+}+2e \rightleftharpoons Sn^{2+}$	$+0.15$
26	$Cu^{2+}+e \rightleftharpoons Cu^{+}$	$+0.153$
27	$Cu^{2+}+2e \rightleftharpoons Cu$	$+0.337$
28	$O_2+H_2O+2e \rightleftharpoons 2OH^{-}$	$+0.401$
29	$Cu^{+}+e \rightleftharpoons Cu$	$+0.521$
30	$I_2+2e \rightleftharpoons 2I^{-}$	$+0.5355$
31	$Fe^{3+}+e \rightleftharpoons Fe$	$+0.771$
32	$Hg_2^{2+}+2e \rightleftharpoons 2Hg$	$+0.788$
33	$Ag^{+}+e \rightleftharpoons Ag$	$+0.7991$
34	$Hg^{2+}+2e \rightleftharpoons Hg$	$+0.854$
35	$Hg^{2+}+e \rightleftharpoons Hg^{+}$	$+0.91$
36	$Pd^{2+}+2e \rightleftharpoons Pd$	$+0.987$
37	$Br_2+2e \rightleftharpoons 2Br^{-}$	$+1.0652$
38	$Pt^{2+}+2e \rightleftharpoons Pt$	$+1.2$
39	$MnO_2+4H^{+}+2e \rightleftharpoons Mn^{2+}+2H_2O$	$+1.23$
40	$Tl^{3+}+2e \rightleftharpoons Tl^{+}$	$+1.25$
41	$Cr_2O_7^{2-}+14H^{+}+6e \rightleftharpoons 2Cr^{3+}+7H_2O$	$+1.33$
42	$Cl_2+2e \rightleftharpoons 2Cl^{-}$	$+1.3595$
43	$PbO_2+4H^{+}+2e \rightleftharpoons Pb^{2+}+2H_2O$	$+1.455$
44	$Au^{3+}+3e \rightleftharpoons Au$	$+1.498$
45	$MnO_4^{-}+4H^{+}+3e \rightleftharpoons MnO_2+2H_2O$	$+1.695$
46	$Ce^{4+}+e \rightleftharpoons Ce^{3+}$	$+1.61$
47	$PbO_2+SO_4^{2-}+4H^{+}+2e \rightleftharpoons PbSO_4+2H_2O$	$+1.682$
48	$Au^{+}+e \rightleftharpoons Au$	$+1.691$
49	$H_2+2e \rightleftharpoons 2H^{-}$	$+2.2$
50	$F_2+2e \rightleftharpoons 2F^{-}$	$+2.87$

资料来源：P. Dobos. Electrochemical Data. 1975

附录7 常用酸碱指示剂

名　称	pH 变色范围	酸色	碱色	pK_a	浓　度
甲基紫(第一次变色)	0.13~0.5	黄	绿	0.8	0.1%水溶液
甲酚红(第一次变色)	0.2~1.8	红	黄	—	0.04%乙醇(50%)溶液
甲基紫(第二次变色)	1.0~1.5	绿	蓝	—	0.1%水溶液
百里酚蓝(第一次变色)	1.2~2.8	红	黄	1.65	0.1%乙醇(20%)溶液
茜素黄R(第一次变色)	1.9~3.3	红	黄	—	0.1%水溶液
甲基紫(第三次变色)	2.0~3.0	蓝	紫	—	0.1%水溶液
甲基黄	2.9~4.0	红	黄	3.3	0.1%乙醇(90%)溶液
溴酚蓝	3.0~4.6	黄	蓝	3.85	0.1%乙醇(20%)溶液
甲基橙	3.1~4.4	红	黄	3.4	0.1%水溶液
溴甲酚绿	3.8~5.4	黄	蓝	4.68	0.1%乙醇(20%)溶液
甲基红	4.4~6.2	红	黄	4.95	0.1%乙醇(60%)溶液
溴百里酚蓝	6.0~7.6	黄	蓝	7.1	0.1%乙醇(20%)
中性红	6.8~8.0	红	黄	7.4	0.1%乙醇(60%)溶液
酚红	6.8~8.0	黄	红	7.9	0.1%乙醇(20%)溶液
甲酚红(第二次变色)	7.2~8.8	黄	红	8.2	0.04%乙醇(50%)溶液
百里酚蓝(第二次变色)	8.0~9.6	黄	蓝	8.9	0.1%乙醇(20%)溶液
酚酞	8.2~10.0	无色	紫红	9.4	0.1%乙醇(60%)溶液
百里酚酞	9.4~10.6	无色	蓝	10	0.1%乙醇(90%)溶液
茜素黄R(第二次变色)	10.1~12.1	黄	紫	11.16	0.1%水溶液
靛胭脂红	11.6~14.0	蓝	黄	12.2	25%乙醇(50%)溶液

附录8 常见离子和化合物的颜色

1. 离子

离子	颜　色	离　子	颜　色	离　子	颜　色
$[Ti(H_2O)_6]^{3+}$	紫色	MnO_4^{2-}	绿色	$[Co(NH_3)_6]^{3+}$	橙黄色
$[Cr(H_2O)_6]^{2+}$	天蓝色	MnO_4^-	紫红色	$[Co(SCN)_4]^{2-}$	蓝色(丙酮中)
$[Cr(H_2O)_6]^{3+}$	蓝紫色	$[Fe(H_2O)_6]^{2+}$	浅绿色	$[Ni(H_2O)_6]^{2+}$	绿色
$[Cr(H_2O)_5Cl]^{2+}$	蓝绿色	$[Fe(H_2O)_6]^{3+}$	淡紫色	$[Ni(NH_3)_6]^{2+}$	蓝色
$[Cr(H_2O)_4Cl_2]^+$	绿色	$[Fe(CN)_6]^{4-}$	黄色	$[Cu(H_2O)_4]^{2+}$	蓝色
CrO_2^-	亮绿色	$[Fe(CN)_6]^{3-}$	红棕色	$[CuCl_4]^{2-}$	棕黄色

续表

离子	颜色	离子	颜色	离子	颜色
CrO_4^{2-}	黄色	$[Fe(NCS)n]^{3-n}$	血红色	$[Cu(NH_3)_4]^{2+}$	深蓝色
$Cr_2O_7^{2-}$	橙色	$[Co(H_2O)_6]^{2+}$	粉红色		
$[Mn(H_2O)_6]^{2+}$	浅红色	$[Co(NH_3)_6]^{2+}$	黄色		

2. 化合物

(1) 氧化物

化合物	颜色	化合物	颜色	化合物	颜色
Cr_2O_3	绿色	NiO	暗绿色	Hg_2O	黑色
CrO_3	橙红色	Ni_2O_3	黑色	HgO	红色或黄色
MnO_2	棕黑色	Cu_2O	暗红色	PbO_2	棕色
FeO	黑色	CuO	黑色	Pb_3O_4	红色
Fe_2O_3	砖红色	Ag_2O	褐色	Sb_2O_3	白色
CoO	灰绿色	ZnO	白色	Bi_2O_3	黄色
Co_2O_3	黑色	CdO	棕灰色		

(2) 氢氧化物

化合物	颜色	化合物	颜色	化合物	颜色
$Cr(OH)_3$	灰绿色	$Ni(OH)_2$	淡绿色	$Sn(OH)_2$	白色
$Mn(OH)_2$	白色	$NI(OH)_3$	黑色	$Pb(OH)_2$	白色
$Fe(OH)_2$	白色	$Cu(OH)$	黄色	$Sb(OH)_3$	白色
$Fe(OH)_3$	红棕色	$Cu(OH)_2$	浅蓝色	$Bi(OH)_3$	白色
$Co(OH)_2$	粉红色	$Zn(OH)_2$	白色	$BiO(OH)$	灰黄色
$Co(OH)_3$	棕褐色	$Cd(OH)_2$	白色		

(3) 盐类

化合物	颜色	化合物	颜色	化合物	颜色
铬酸盐		$Cr_2(SO_4)·6H_2O$	绿色	磷酸盐	
$CaCrO_4$	黄色	$Cr_2(SO_4)_3·18H_2O$	紫色	$Ca_3(PO_4)_2$	白色
$BaCrO_4$	黄色	$CoSO_4·7H_2O$	红色	$CaHPO_4$	白色
Ag_2CrO_4	砖红色	$CuSO_4·5H_2O$	蓝色	Ag_3PO_4	黄色
$PbCrO_4$	黄色	$Cu(OH)_2SO_4$	浅蓝色	碳酸盐	
硫酸盐		Hg_2SO_4	白色	$CaCO_3$	白色
$CaSO_4$	白色	$(NH_4)_2Fe(SO_4)_2·6H_2O$	蓝绿色	$BaCO_3$	白色
$BaSO_4$	白色			Ag_2CO_3	白色
Ag_2SO_4	白色	$NH_4Fe(SO_4)_2·12H_2O$	浅紫色	$PbCO_3$	白色
$PbSO_4$	白色			$MgCO_3$	白色

续表

化合物	颜 色	化合物	颜 色	化合物	颜 色
$Cu_2(OH)_2CO_3$	蓝色	AgCl	白 色	Cu_2S	黑 色
$Zn(OH)_2CO_3$	白 色	CuCl	白 色	CuS	黑 色
草酸盐		Hg_2Cl_2	白 色	Ag_2S	黑 色
CaC_2O_4	白 色	$PbCl_2$	白 色	ZnS	白 色
BaC_2O_4	白 色	$HgNH_2Cl$	白 色	CdS	黄 色
$Ag_2C_2O_4$	白 色	溴化物		HgS	红色或黑色
PbC_2O_4	白 色	AgBr	浅黄色		
FeC_2O_4	黄 色	$PbBr_2$	白 色	SnS	棕 色
氯化物		碘化物		SnS_2	黄 色
$CoCl_2$	蓝色	AgI	黄 色	PbS	黑 色
$CoCl_2 \cdot H_2O$	蓝紫色	Hg_2I_2	黄 色	As_2S_3	黄 色
$CoCl_2 \cdot 2H_2O$	紫红色	HgI_2	橘红色	Sb_2S_3	橙 色
$CoCl_2 \cdot 6H_2O$	粉红色	PbI_2	黄 色	Sb_2S_5	橙 色
$CrCl_3 \cdot 6H_2O$	绿 色	CuI	白 色	Bi_2S_3	黑 色
$FeCl_3 \cdot 6H_2O$	黄棕色	硫化物		其他含氧酸盐	
$TiCl_3 \cdot 6H_2O$	紫 色	MnS	肉 色	$NaBiO_3$	黄棕色
BiOCl	白 色	FeS	黑 色	BaS_2O_3	白 色
SbOCl	白 色	Fe_2S_3	黑 色	$BaSO_3$	白 色
Sn(OH)Cl	白 色	CoS	黑 色	$Ag_2S_2O_3$	白 色
Co(OH)Cl	蓝 色	NiS	黑 色		

(4) 其他化合物

化合物	颜 色	化合物	颜 色
$Mn_2[Fe(CN)_6]$	白 色	$\left[\begin{array}{c}Hg\\O\quad NH_2\\Hg\end{array}\right]I$	红棕色
$Zn_2[Fe(CN)_6]$	白 色		
$Cu_2[Fe(CN)_6]$	红棕色		
$Ni_2[Fe(CN)_6]$	浅绿色	$\left[\begin{array}{c}I-Hg\\NH_2\\I-Hg\end{array}\right]I$	深褐色或红棕色
$Co_2[Fe(CN)_6]$	绿 色		
$Fe_3[Fe(CN)_6]_2$	蓝 色		
$Fe_4[Fe(CN)_6]_3$	蓝 色	丁二酮肟合镍(Ni-dmg)	鲜红色
$Na_2[Fe(CN)_5(NO)] \cdot 2H_2O$	红 色		
$[Fe(NO)]SO_4$	深棕色		
$(NH_4)_3PO_4 \cdot 12MoO_3 \cdot 6H_2O$	黄 色		

附录9　常见配离子的稳定常数

1. 金属-无机配位体配合物的稳定常数

序号	配位体	金属离子	配位体数目 n	$\lg\beta_n$
1	NH_3	Ag^+	1,2	3.24,7.05
		Au^{3+}	4	10.3
		Cd^{2+}	1,2,3,4,5,6	2.65,4.75,6.19,7.12,6.80,5.14
		Co^{2+}	1,2,3,4,5,6	2.11,3.74,4.79,5.55,5.73,5.11
		Co^{3+}	1,2,3,4,5,6	6.7,14.0,20.1,25.7,30.8,35.2
		Cu^+	1,2	5.93,10.86
		Cu^{2+}	1,2,3,4,5	4.31,7.98,11.02,13.32,12.86
		Hg^{2+}	1,2,3,4	8.8,17.5,18.5,19.28
		Ni^{2+}	1,2,3,4,5,6	2.80,5.04,6.77,7.96,8.71,8.74
		Pd^{2+}	1,2,3,4	9.6,18.5,26.0,32.8
		Pt^{2+}	6	35.3
		Zn^{2+}	1,2,3,4	2.37,4.81,7.31,9.46
2	Br^-	Ag^+	1,2,3,4	4.38,7.33,8.00,8.73
		Cu^+	2	5.89
		Hg^{2+}	1,2,3,4	9.05,17.32,19.74,21.00
3	Cl^-	Ag^+	1,2,4	3.04,5.04,5.30
		Cu^+	2,3	5.5,5.7
		Fe^{3+}	2	9.8
		Hg^{2+}	1,2,3,4	6.74,13.22,14.07,15.07
		Pd^{2+}	1,2,3,4	6.1,10.7,13.1,15.7
		Pt^{2+}	2,3,4	11.5,14.5,16.0
		Tl^{3+}	1,2,3,4	8.14,13.60,15.78,18.00
4	I^-	Ag^+	1,2,3	6.58,11.74,13.68
		Bi^{3+}	1,4,5,6	3.63,14.95,16.80,18.80
		Cd^{2+}	1,2,3,4	2.10,3.43,4.49,5.41
		Cu^+	2	8.85
		Hg^{2+}	1,2,3,4	12.87,23.82,27.60,29.83
		Pb^{2+}	1,2,3,4	2.00,3.15,3.92,4.47
		Pd^{2+}	4	24.5
		Tl^{3+}	1,2,3,4	11.41,20.88,27.60,31.82

续表

序号	配位体	金属离子	配位体数目 n	$\lg\beta_n$
5	F^-	Al^{3+}	1,2,3,4,5,6	6.11,11.12,15.00,18.00,19.40,19.80
		Be^{2+}	1,2,3,4	4.99,8.80,11.60,13.10
		Cr^{3+}	1,2,3	4.36,8.70,11.20
		Fe^{3+}	1,2,3,5	5.28,9.30,12.06,15.77
		Mn^{2+}	1	5.48
6	CN^-	Ag^+	2,3,4	21.1,21.7,20.6
		Au^+	2	38.3
		Cd^{2+}	1,2,3,4	5.48,10.60,15.23,18.78
		Cu^+	2,3,4	24.0,28.59,30.30
		Fe^{2+}	6	35.0
		Fe^{3+}	6	42.0
		Hg^{2+}	4	41.4
		Ni^{2+}	4	31.3
		Zn^{2+}	1,2,3,4	5.3,11.70,16.70,21.60
7	SCN^-	Ag^+	1,2,3,4	4.6,7.57,9.08,10.08
		Bi^{3+}	1,2,3,4,5,6	1.67,3.00,4.00,4.80,5.50,6.10
		Cu^+	1,2	12.11,5.18
		Fe^{3+}	1,2,3,4,5,6	2.21,3.64,5.00,6.30,6.20,6.10
		Hg^{2+}	1,2,3,4	9.08,16.86,19.70,21.70
8	$S_2O_3^{2-}$	Ag^+	1,2	8.82,13.46
		Cd^{2+}	1,2	3.92,6.44
		Cu^+	1,2,3	10.27,12.22,13.84
		Hg^{2+}	2,3,4	29.44,31.90,33.24
		Pb^{2+}	2,3	5.13,6.35
9	$P_2O_7^{4-}$	Ba^{2+}	1	4.6
		Ca^{2+}	1	4.6
		Cd^{3+}	1	5.6
		Co^{2+}	1	6.1
		Cu^{2+}	1,2	6.7,9.0
		Hg^{2+}	2	12.38
		Mg^{2+}	1	5.7
		Ni^{2+}	1,2	5.8,7.4
		Pb^{2+}	1,2	7.3,10.15
		Zn^{2+}	1,2	8.7,11.0

2. 金属-有机配位体配合物的稳定常数

序号	配位体	金属离子	配位体数目 n	$\lg\beta_n$
1	乙二胺四乙酸 (EDTA) $[(HOOCCH_2)_2NCH_2]_2$	Ag^+	1	7.32
		Al^{3+}	1	16.11
		Ba^{2+}	1	7.78
		Be^{2+}	1	9.3
		Bi^{3+}	1	22.8
		Ca^{2+}	1	11.0
		Cd^{2+}	1	16.4
		Co^{2+}	1	16.31
		Co^{3+}	1	36.0
		Cr^{3+}	1	23.0
		Cu^{2+}	1	18.7
		Fe^{2+}	1	14.83
		Fe^{3+}	1	24.23
		Ga^{3+}	1	20.25
		Hg^{2+}	1	21.80
		In^{3+}	1	24.95
		Mg^{2+}	1	8.64
		Mn^{2+}	1	13.8
		$Mo(V)$	1	6.36
		Ni^{2+}	1	18.56
		Pb^{2+}	1	18.3
		Pd^{2+}	1	18.5
		Sc^{2+}	1	23.1
		Sn^{2+}	1	22.1
		Sr^{2+}	1	8.80
		Th^{4+}	1	23.2
		TiO^{2+}	1	17.3
		Tl^{3+}	1	22.5
		U^{4+}	1	17.50
		VO^{2+}	1	18.0
		Y^{3+}	1	18.32
		Zn^{2+}	1	16.4
		Zr^{4+}	1	19.4

续表

序号	配位体	金属离子	配位体数目 n	$\lg\beta_n$
2	乙酰丙酮 (Acetyl acetone) $CH_3COCH_2CH_3$	Al^{3+} (30℃)	1,2	8.6,15.5
		Cd^{2+}	1,2	3.84,6.66
		Co^{2+}	1,2	5.40,9.54
		Cr^{2+}	1,2	5.96,11.7
		Cu^{2+}	1,2	8.27,16.34
		Fe^{2+}	1,2	5.07,8.67
		Fe^{3+}	1,2,3	11.4,22.1,26.7
		Hg^{2+}	2	21.5
		Mg^{2+}	1,2	3.65,6.27
		Mn^{2+}	1,2	4.24,7.35
		Ni^{2+} (20℃)	1,2,3	6.06,10.77,13.09
		Pb^{2+}	2	6.32
		Pd^{2+} (30℃)	1,2	16.2,27.1
		Th^{4+}	1,2,3,4	8.8,16.2,22.5,26.7
		Ti^{3+}	1,2,3	10.43,18.82,24.90
		V^{2+}	1,2,3	5.4,10.2,14.7
		Zn^{2+} (30℃)	1,2	4.98,8.81
3	草酸 (Oxalic acid) HOOCCOOH	Al^{3+}	1,2,3	7.26,13.0,16.3
		Cd^{2+}	1,2	3.52,5.77
		Co^{2+}	1,2,3	4.79,6.7,9.7
		Cu^{2+}	1,2	6.23,10.27
		Fe^{2+}	1,2,3	2.9,4.52,5.22
		Fe^{3+}	1,2,3	9.4,16.2,20.2
		Hg^{2+}	1	9.66
		Hg_2^{2+}	2	6.98
		Mg^{2+}	1,2	3.43,4.38
		Mn^{2+}	1,2	3.97,5.80
		Mn^{3+}	1,2,3	9.98,16.57,19.42
		Ni^{2+}	1,2,3	5.3,7.64,8.5
		Pb^{2+}	1,2	4.91,6.76
		Sc^{3+}	1,2,3,4	6.86,11.31,14.32,16.70
		Th^{4+}	4	24.48
		Zn^{2+}	1,2,3	4.89,7.60,8.15
		Zr^{4+}	1,2,3,4	9.80,17.14,20.86,21.15

续表

序号	配位体	金属离子	配位体数目 n	$\lg\beta_n$
4	水杨酸 (Salicylic acid) $C_6H_4(OH)COOH$	Al^{3+}	1	14.11
		Cd^{2+}	1	5.55
		Co^{2+}	1,2	6.72,11.42
		Cr^{2+}	1,2	8.4,15.3
		Cu^{2+}	1,2	10.60,18.45
		Fe^{2+}	1,2	6.55,11.25
		Mn^{2+}	1,2	5.90,9.80
		Ni^{2+}	1,2	6.95,11.75
		Th^{4+}	1,2,3,4	4.25,7.60,10.05,11.60
		TiO^{2+}	1	6.09
		V^{2+}	1	6.3
		Zn^{2+}	1	6.85
5	磺基水杨酸 (5-sulfosalicylic acid) $HO_3SC_6H_3(OH)COOH$	Al^{3+}	1,2,3	13.20,22.83,28.89
		Be^{2+}	1,2	11.71,20.81
		Cd^{2+}	1,2	16.68,29.08
		Co^{2+}	1,2	6.13,9.82
		Cr^{3+}	1	9.56
		Cu^{2+}	1,2	9.52,16.45
		Fe^{2+}	1,2	5.9,9.9
		Fe^{3+}	1,2,3	14.64,25.18,32.12
		Mn^{2+}	1,2	5.24,8.24
		Ni^{2+}	1,2	6.42,10.24
		Zn^{2+}	1,2	6.05,10.65
6	酒石酸 (Tartaric acid) $(HOOCCHOH)_2$	Bi^{3+}	3	8.30
		Ca^{2+}	1,2	2.98,9.01
		Cu^{2+}	1,2,3,4	3.2,5.11,4.78,6.51
		Fe^{3+}	1	7.49
		Hg^{2+}	1	7.0
		Pb^{2+}	1,3	3.78,4.7
		Sn^{2+}	1	5.2
		Zn^{2+}	1,2	2.68,8.32

续表

序号	配位体	金属离子	配位体数目 n	$\lg\beta_n$
7	硫脲 (Thiourea) $H_2NC(=S)NH_2$	Ag^+	1,2	7.4,13.1
		Bi^{3+}	6	11.9
		Cd^{2+}	1,2,3,4	0.6,1.6,2.6,4.6
		Cu^+	3,4	13.0,15.4
		Hg^{2+}	2,3,4	22.1,24.7,26.8
		Pb^{2+}	1,2,3,4	1.4,3.1,4.7,8.3
8	乙二胺 (Ethyoenediamine) $H_2NCH_2CH_2NH_2$	Ag^+	1,2	4.70,7.70
		Cd^{2+}(20℃)	1,2,3	5.47,10.09,12.09
		Co^{2+}	1,2,3	5.91,10.64,13.94
		Co^{3+}	1,2,3	18.7,34.9,48.69
		Cr^{2+}	1,2	5.15,9.19
		Cu^+	2	10.8
		Cu^{2+}	1,2,3	10.67,20.0,21.0
		Fe^{2+}	1,2,3	4.34,7.65,9.70
		Hg^{2+}	1,2	14.3,23.3
		Mn^{2+}	1,2,3	2.73,4.79,5.67
		Ni^{2+}	1,2,3	7.52,13.84,18.33
		Pd^{2+}	2	26.90
		V^{2+}	1,2	4.6,7.5
		Zn^{2+}	1,2,3	5.77,10.83,14.11
9	吡啶 (Pyridine) C_5H_5N	Ag^+	1,2	1.97,4.35
		Cu^{2+}	1,2,3,4	2.59,4.33,5.93,6.54
		Hg^{2+}	1,2,3	5.1,10.0,10.4
10	甘氨酸 (Glycin) H_2NCH_2COOH	Ag^+	1,2	3.41,6.89
		Cd^{2+}	1,2	4.74,8.60
		Co^{2+}	1,2,3	5.23,9.25,10.76
		Cu^{2+}	1,2,3	8.60,15.54,16.27
		Fe^{2+}(20℃)	1,2	4.3,7.8
		Hg^{2+}	1,2	10.3,19.2
		Mg^{2+}	1,2	3.44,6.46
		Mn^{2+}	1,2	3.6,6.6
		Ni^{2+}	1,2,3	6.18,11.14,15.0
		Pb^{2+}	1,2	5.47,8.92
		Pd^{2+}	1,2	9.12,17.55
		Zn^{2+}	1,2	5.52,9.96